BEAUTY COLOR
미 용 색 채 학

BEAUTY COLOR

미용색채학

김애경 · 제기연 지음

(주)교문사

Preface

머/리/말

우리의 일상에서 색을 제외하고 논할 수 있는 것이 과연 무엇일까? '다른 어떠한 것도 없다'라고 해도 과언이 아닐 정도로 색은 우리와 밀접한 관계에 있다.

색을 보면서 우리는 어떤 생각을 떠올리는가! 태어나고 자라면서 학습되고 경험한 것을 토대로 주변의 색에 대하여 연상하고 유추한다. 모든 사람이 공통으로 느끼는 색에 대한 이미지가 있을 수 있으며, 개인의 경험에 의해 지극히 개인적인 느낌으로 다가오는 색의 이미지가 있을 수 있다. 이렇듯 색은 인간의 시각적인 영역뿐만 아니라 인간의 육체적 · 심리적 · 정서적으로 밀접한 영향을 미친다.

색은 먼저 다양한 방법으로 체험하는 것이 중요하다. 그리고 학습하고 훈련을 통해 그 감각을 체계화시킬 필요가 있다.

색을 자유롭게 활용할 수 있다면 자신의 일을 수행하는 데 자신감을 불러일으키는 일종의 보너스를 얻는 것과 같을 것이다. 그 이유는 현재 모든 산업에서 색채 마케팅이 빠질 수 없기 때문이다. 흔히 마케팅 전략 중 하나로, 소비자에게 색채로 다가가 감성을 자극시킴으로써 구매를 촉진시킨다. 즉, 색에 대하여 전문가가 된다면 산업에서 고부가가치를 일으킬 수 있을 것이다.

그리하여 이 책에서는 색채학에 대한 기초적인 이론을 토대로 색채를 다양한 도구를 통하여 훈련시킨다. 특히, 뷰티 영역 전공자들에게 색채학을 접근 용이하도록 구성하였으며, 친숙한 도구를 사용하여 학문적인 깊이뿐만 아니라 학습에 대한 흥미를 갖도록 구성하였다. 또한, 한국산업표준KS으로 지정된 120색 색지를 기본으로 하여 실습할 수 있도록 작성하였다.

제1장에서는 색의 기초적인 이해를 다루고 있으며, 색의 구조적인 부분과 색을 명명하는 방법, 톤의 개념을 설명하였다. 제2장에서 색을 통해 유추할 수 있는 연상과 시각적인 효과 및 공감각에 대하여 서술하였다. 제3장에서는 색채의 감각을 키우기 위한 배색 훈련을 위해 색상과 이미지를 통한 효과적인 배색을 훈련하도록 다루었다. 제4장에서는 계절에 대한 특성과 이미지를 살펴보고, 계절에 바탕을 둔 퍼스널 컬러 시스템을 통해 색채훈련을 한다. 제5장에서는 색채를 계획하고 활용하는 방법을 알아보고, 색의 심리적인 영향력을 성격, 형태, 국기를 통해 분석한 것을 제6장에서 다루고 있다. 마지막으로 제7장에서는 색의 역사적인 부분을 문화와 서양 및 한국을 대상으로 기술하였다.

색채학을 많은 사람들이 쉽게 이해할 수 있도록 핵심적인 내용과 더불어 시각적인 자료를 다양하게 삽입하여 이해를 돕도록 하였다. 교육과 현장의 경험을 토대로 많은 시간과 노력을 기울였지만, 부족한 점은 있으리라 사료된다.

색채가 아름다운 정서로 사람의 마음을 물들이는 가을의 문턱에서 책을 출간하게 되어 하나님께 감사를 드리며, 마지막으로 ㈜교문사 류제동 사장님을 비롯한 관계자들께도 감사의 마음을 전한다.

2013년 10월
대표저자 김애경

Contents

차/례

CHAPTER 03 색채 **배색**

CHAPTER 04 **시즌 이미지**와 **퍼스널** 컬러

CHAPTER 05 색채 커뮤니케이션

CHAPTER 06 색의 심리

CHAPTER 07 색의 역사

CHAPTER 01

COLOR

COMPREHENSION

색의 이해

색의 삼속성 / 색명체계 / 톤

CHAPTER 01

색의 이해

색의 삼속성

색의 이해

색은 시각을 통해 물리적 대상인 빛과 그에 따른 지각현상으로 정의된다. 물리학적으로는 가시광선 영역이라고 할 수 있으며 물체의 반사광을 통해 색을 지각하게 된다. 색은 디자인에 있어서 가장 분명하고 강하며 자극적인 요소로 제일 먼저 인식되고 끝까지 기억되는 경향이 있으며, 디자인의 요소 중에서 가장 복잡하고 창조적이며 다양한 요소이다.

색은 의식적이거나 무의식적인 육체적·감정적 반응을 불러일으키며 색에 대한 반응은 즉각적이고 오래 지속되어서 소재나 디자인, 디테일은 잊어버릴지라도 색과 그에 대한 반응은 오래 기억된다. 색에 대한 느낌은 정서적인 면과 기능적인 면을 가지는 것 등이 있다. 정서적인 것은 색에 대한 기호를 좋다, 싫다, 아름답다 등과 같은 것으로 보는 사람의 생활환경이나 생활체험에 의해 결정된다.

따라서 이와 같은 느낌은 사람에 따라 각기 다르다. 색에 대한 이미지를 이해하는 것은 색을 활용하는 데 많은 도움이 된다.

우리가 사용하는 제품, 환경, 소재 등 다양한 영역에서 색채 마케팅으로 기업들이 소비자의 감성을 공략하기 위한 디자인과 상품 개발에 나서고 있다. 세계적인 브랜드 베네통의 원색적이고 화려한 색채나, 파스텔 톤의 색채와 반투명 재질의 부드러운 질감이 느껴지는 소재를 쓴 애플사의 아이맥은 대표적인 성공 사례로 꼽힌다. 색채 마케팅이 새로운 트렌드로 부상하면서 IT업계의 새로운 핵심 경쟁력으로 등장하게 되었다. 휴대폰, MP3플레이어, 세탁기, 냉장고 등 신제품을 출시할 경우 종전까지는 새롭게 추가된 기능이나 디자인으로 고객의 마음을 사로잡으려고 노력해 왔지만 최근에는 빨강, 파랑, 핑크 등 이른바 '튀는 색상'을 전면에 내세우고 소비자의 관심을 불러일으키고 있는 것이다. 이렇듯 디자인 영역에서 감성적인 측면과 함께 중요하게 작용하는 색채를 효과적으로 활용하기 위해서는 색채의 특성과 이미지에 대한 전반적인 지식이 필요하다.

그림 1

다양한 색상환

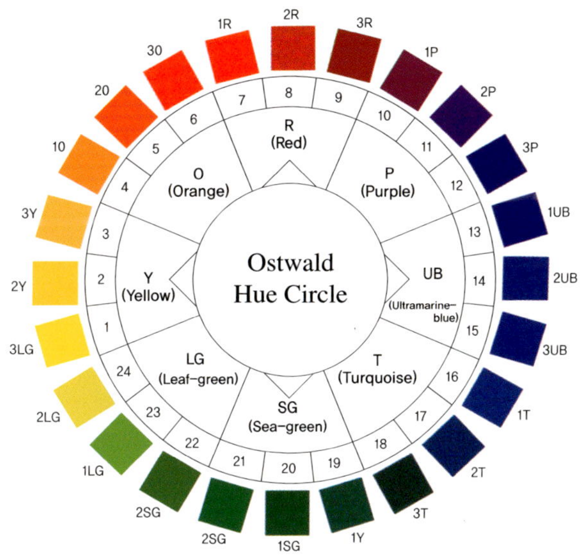

오스트발트

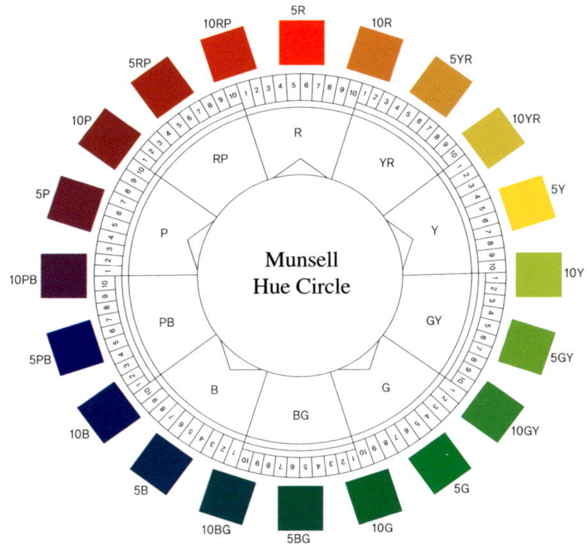

먼셀

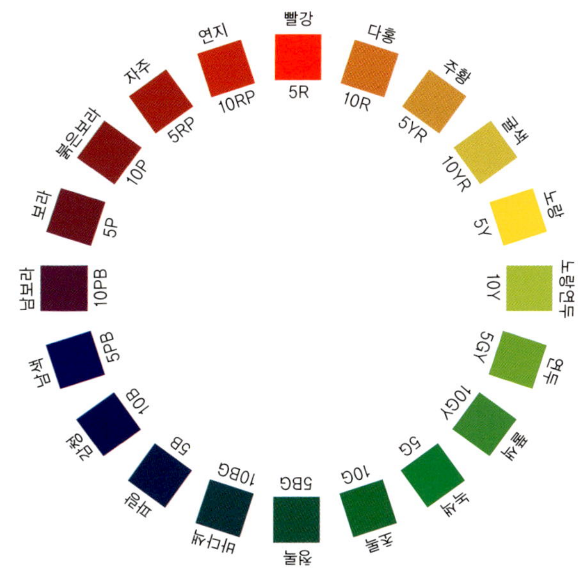

KS

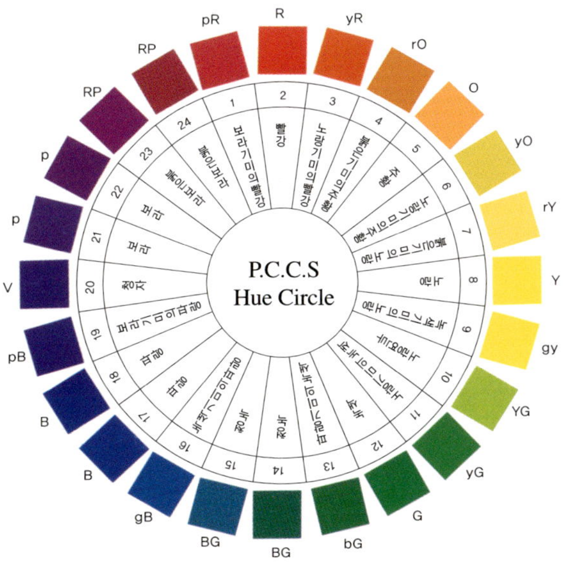

PCCS

색의 분류와 삼속성

색은 육안으로 물체를 지각하게 하고 일차적으로 색의 유무에 따라 유채색, 무채색으로 구분 짓는다. 무채색은 밝고 어두운 단계에 따라, 즉 명도에 의해 구분되고 유채색은 색의 종류, 밝고 어두운 정도, 색의 농담에 의해 분류된다. 이런 색을 구분 짓는 속성을 색상, 명도, 채도라고 하며 이를 색의 삼속성이라고 한다.

색상hue은 색의 삼속성에서 색을 구별하는데, 빛의 파장에 따라 빨강, 노랑, 초록 등 색의 성질을 가지고 있는 것으로, 즉 색의 종류이다.

명도value는 물체의 표면이 빛을 반사하는 정도에 따라 색의 밝고 어두운 정도가 달라지게 된다. 이런 색의 밝기 정도를 명도라고 한다. 명도단계는 먼셀 색체계에서 검은색을 0, 하얀색을 10으로 정하고 그 사이에 단계를 나눈다.

채도chroma는 색의 순도의 정도를 말하는 것으로 빛의 파장이 단일 파장일 경우 높은 채도를 나타내고 여러 파장일 경우 낮은 채도로 지각한다. 이러한 색의 맑고 탁함은 유채색에서 나타난다. 채도단계는 먼셀 색체계에서 무채도의 채도를 0으로 정하고 채도의 증가에 따라 번호를 정한다. 색상에 따라 가장 높은 채도의 번호는 다르게 나타난다.

색에서 고명도, 고채도인 경우 명랑, 쾌활한 느낌을 주며 저명도, 저채도에서는 무겁고 어두운 느낌을 준다. 중명도, 중채도는 온화하고 약한 느낌을 주고 순색인 고채도에서는 자주적이며 강한 느낌을 준다. 국내에서 한국공업규격KS A 0062으로 먼셀의 색체계를 사용하고 있으며, 색상환에서 배치되는 위치에 따라 유사색상, 보색, 반대색으로 나뉜다.

그림 2
색의 분류

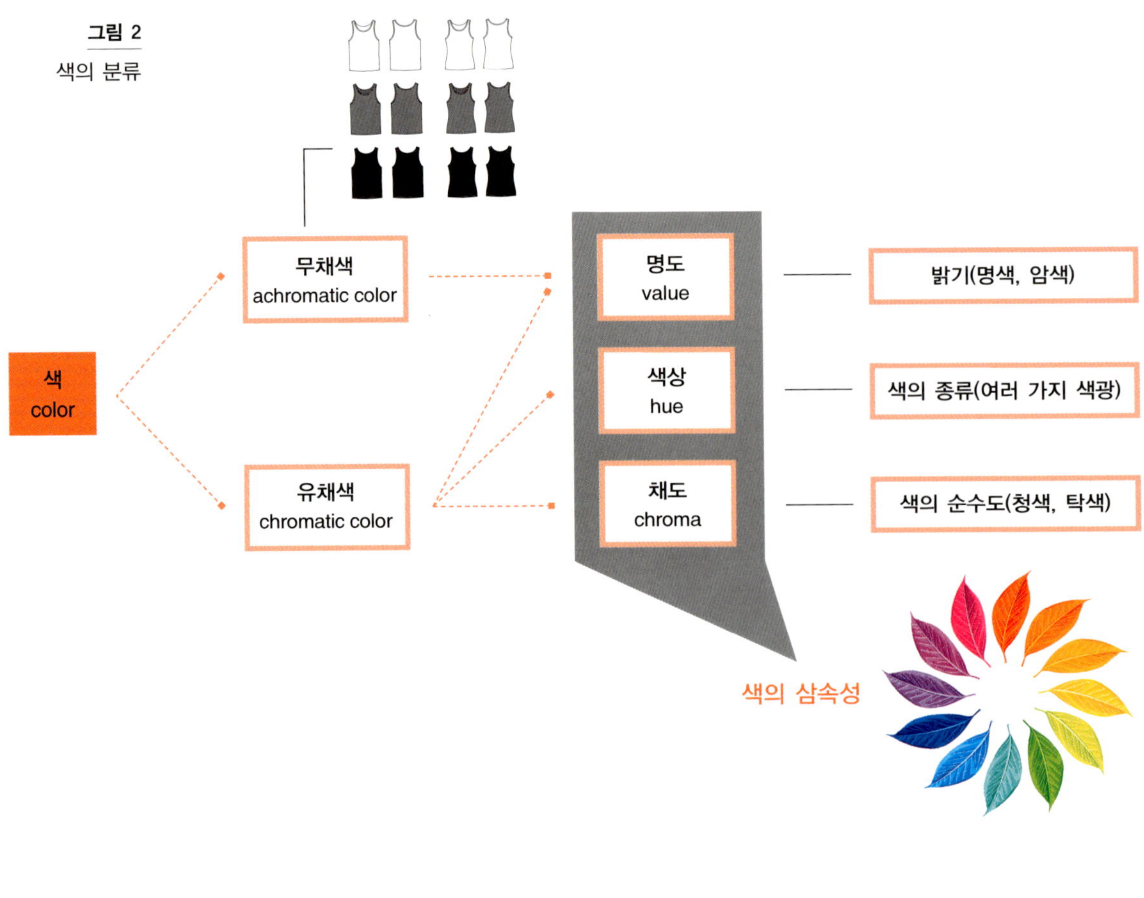

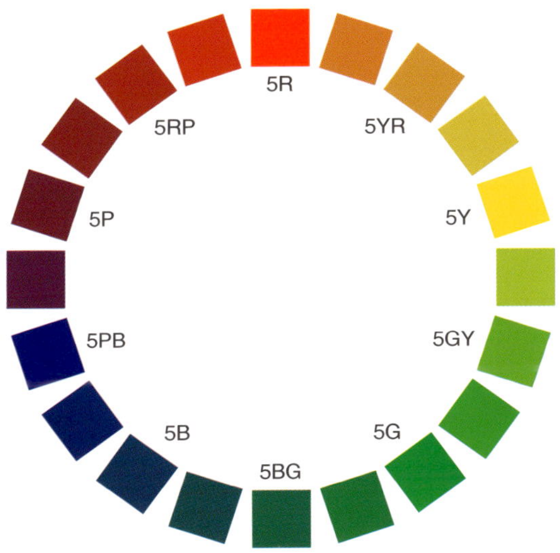

먼셀 20색상환

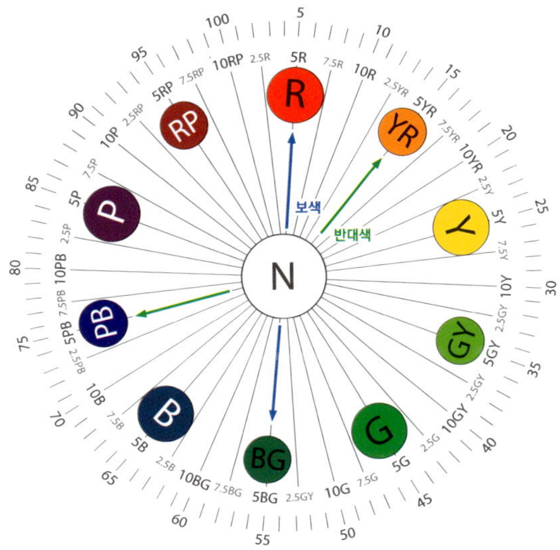

먼셀 100색상환

그림 3
먼셀 색상환

색명**체계**

색명은 색을 표시하고 전달함에 있어서 체계적이고 정확한 전달을 목표로 한다. 색명은 기본적인 색명에서부터 국가, 인종, 지역, 현상, 상징 등에 따라 붙여지기도 하며, 형용사적으로 표현되기도 한다.

기본색명

한국산업표준KS에서 규정하여 국내에서 사용하고 있는 색명으로 기본색명을 중심으로

표 1
KS 기본색명

색 이름	대응영어	약 호
빨강(적)	Red	R
주황	Orange	O
노랑(황)	Yellow	Y
연두	Yellow Green	YG
초록(녹)	Green	G
청록	Blue Green	BG
파랑(청)	Blue	B
남색(남)	bluish Violet	bV
보라	Purple	P
자주(자)	reddish Purple	rP
분홍	Pink	Pk
갈색(갈)	Brown	Br

표기가 되었으며, 5색, 10색, 20색 등으로 구분 지어 사용되고 있다. 현재 한국산업표준에서KS 규정한 색명은 빨강, 주황, 노랑, 연두, 초록, 청록, 파랑, 남색, 보라, 자주 등으로 기본 10색을 사용하고 있다. 교육부에서는 먼셀 표색계의 색상환을 기본으로 기본색에 10색을 추가하여 20색명을 사용하고 있다. 색명 표기 시, 한국어, 영문, 한자, 약호 등으로 분류하여 규정짓고 있다. 예를 들면, 빨간색은 빨강, Red, 赤, R 등으로 표기한다.

일반색명

일반색명은 계통색명이라고도 하며, 색을 말할 때 형용사를 붙여서 사용한다. 색을 감성적으로 이해하기 쉽고 전달하기 용이하도록 색의 삼속성인 색상, 명도, 채도에 최대한 가깝도록 표현하는 색명이다. 기본색명인 빨강, 주황, 노랑, 초록, 파랑, 보라 등에 형용사나 수식어를 덧붙여서 진한 빨강, 탁한 초록, 어두운 파랑 등으로 불리게 된다. 현재 한국산업표준KS의 일반색명과 ISSCC-NBS의 계통색명을 사용하고 있다.

표 2
일반색명 및 색 기호

색명	기호	계통색명	한국표준색표 색 기호
빨강	R	Red	5R 4/14
다홍	yR	yellowish Red	10R 5/14
주황	YR	Yellow Red	5YR 6/14
귤색	rY	reddish Yellow	10YR 7/14
노랑	Y	Yellow	5Y 8.5/14
노랑연두	gY	greenish Yellow	10Y 8/12
연두	GY	Green Yellow	5GY 7/10
풀색	yG	yellowish Green	10GY 6/12
녹색	G	Green	5G 5/10
초록	bG	bluish Green	10G 5/10
청록	BG	Blue Green	BG 5/10
바다색	gB	greenish Blue	10BG 5/10
파랑	B	Blue	5B 5/10
감청	pB	purplish Blue	10B 5/12
남색	PB	Purple Blue	5PB 4/12
남보라	bP	bluish Purple	10PB 4/12
보라	P	Purple	5P 4/10
붉은 보라	rP	reddish Purple	10P 4/12
자주	RP	Red Purple	5RP 4/12
연지	pR	purplish Red	10RP 4/12

ISSCC-NBS 계통색명법

1939년 미국의 국제색채협의회Inter-Society Color Council에서 고안된 일반계통색명을 미국립표준국National Bureau of Standard에서 종합하여 정리한 색이름의 표준을 말한다. 1955년 《색이름 사전》의 발간으로 현재는 세계 공통으로 사용되고 있으며, 한국산업표준KS도 ISSCC-NBS 색명을 기준으로 하여 색명을 규정하였다. 총 267가지의 색이름에 대한 먼셀 기호를 지정하여 색이름의 객관적 표시가 이루어질 수 있도록 하였다.

관용색명

관용색명은 살구색, 팥색, 세피아, 에메랄드 그린 등과 같이 전통적으로 전해 오는 습관적인 색이름이나 지명, 장소, 식물, 동물 등의 고유한 이름을 붙여 사용해 오던 색명이다. 관용색명은 고유한 사물이나 현상 등의 연상으로 인해 각 색을 이해하기는 편리하지만 색을 정확히 구별하기에는 어려운 단점을 가지고 있다.

표 3
관용색명(KS A 0011)

관용색명	일반색명	관용색명	일반색명
벚꽃색	흰 분홍	레몬색	노랑
카네이션 핑크	연한 분홍	국방색	어두운 녹갈색
루비색	진한 빨강	올리브 그린	어두운 녹갈색
딸기색	선명한 빨강	에메랄드 그린	밝은 초록
팥색	탁한 빨강	수박색	초록
복숭아색	연한 분홍	하늘색	연한 파랑
벽돌색	빨간 갈색	시안	밝은 파랑
코코아색	탁한 갈색	바다색	파랑
고동색	어두운 갈색	프러시안 블루	진한 파랑
밤색	진한 갈색	인디고 블루	어두운 파랑
호박색	진한 노란 주황	비둘기색	회청색
커피색	탁한 갈색	라벤더색	연한 보라
진주색	분홍빛 하양	라일락색	연한 보라
당근색	주황	마젠타	밝은 자주
황토색	밝은 황갈색	진달래색	밝은 자주
세피아	흑갈색	로즈핑크	분홍
베이지	흐린 노랑	흰눈색	하양
금발색	연한 황갈색	먹색	검정
크림색	흐린 노랑	쥐색	회색
상아색	흰 노랑	금색	
개나리색	노랑	은색	

한국의 전통색채 오방색

한국의 전통색채는 예로부터 전해 내려오는 색으로서 우리 문화유산 중에서 사찰, 고궁, 유물 등에 채색된 색을 말한다. 한국의 전통색채는 음양오행설의 오방색에 근거를 두고 있으며, 오방정색, 오방간색을 기본으로 한다. 오방정색은 색상이 방향을 나타내는 것으로 적赤은 남南, 청靑은 동東, 황黃은 중앙中, 백白은 서西, 흑黑은 북北 등을 의미한다. 적赤, 청靑, 황黃은 양의 색, 백白과 흑黑은 음의 색으로 통한다. 오방간색은 오방정색의 중간 사이 색으로 녹綠, 벽碧, 홍紅, 자紫, 유황硫黃색 등이며, 모든 오방간색은 음의 색으로 본다.

표 4
음양오행의 원리

방향(方向)	색(色)	오행(五行)	오륜(五倫)	계절(季節)
동쪽(東)	청색(靑)	나무(木)	인(仁)	봄(春)
서쪽(西)	백색(白)	쇠(金)	의(義)	가을(秋)
남쪽(南)	적색(赤)	불(火)	예(禮)	여름(夏)
북쪽(北)	흑색(黑)	물(水)	지(智)	겨울(冬)
중앙(中)	황색(黃)	흙(土)	신(信)	환절기

그림 4
전통색채

톤tone

명도, 채도를 하나의 개념으로 묶어서 표현한 것으로서 색을 보다 쉽게 전달하고자 한 것이다. 다양하고 복잡하게 전개되는 패션과 메이크업에 나타나는 이미지를 효율적으로 설명할 수 있는 용어이다. 국내의 산업자원부에서 개발한 색체계에서 톤을 선명한 vivid, 강한strong, 밝은bright, 맑은pale, 연한very pale, 흐릿한light grayish, 은은한light, 탁한grayish, 차분한dull, 진한deep, 어두운dark 등 11개로 분류하고 있다.

화려한 톤vivid, strong

채도가 가장 높고 선명한 색조 군으로서 화려한, 선명한, 명쾌한, 강한, 자극적인 이미지 표현에 적합하다. 대담한 표현과 자유분방함을 강조하는 스타일과 자극적인 메시지 전달에 효과적이다. 여름철 의상에 어울리며 활동적인 느낌으로 연출된다.

메이크업에서는 아트적이거나 이미지메이크업으로 주로 활용하거나 뷰티메이크업에서는 부분적인 포인트로 사용한다.

비비드 톤

스트롱 톤

그림 5
화려한 톤

그림 6

밝은 톤

브라이트 톤

페일 톤

베리 페일 톤

밝은 톤bright, pale, very pale

순색에 흰색을 가미한 밝은 색조 군으로서 신선한, 명랑한, 건강한, 부드러운, 섬세한 이미지 표현에 적합하다. 온화한 여성스런 이미지와 로맨틱한 이미지를 나타낸다. 브라이트 톤과 페일 톤은 꿈과 희망의 메시지 효과가 있고, 밝고 화려한 느낌의 포멀웨어, 캐주얼웨어에 주로 활용된다. 베리 페일 톤은 유채색의 톤 중 가장 밝고 약한 톤으로 깨끗한, 부드러운, 가벼운, 섬세한 이미지이며, 색상이 아주 연하기 때문에 반대색과 배색해도 강한 느낌이 적어 고급스러운 배색효과를 얻을 수 있다.

메이크업에서는 부드러운 이미지로 표현되거나 소녀적인 이미지로 표현할 때 많이 활용한다.

수수한 톤light, dull, light grayish, grayish

비비드 톤에 그레이가 가미된 색조 군으로서 대체적으로 차분한 이미지로 충실하고, 원숙한 느낌을 주며, 중후하고 고급스러운 이미지로 표현된다. 라이트 톤은 온화한 색조로 산뜻한, 고운, 여성적인, 로맨틱한 이미지로 표현하는 것이 효과적이다. 덜 톤은 중간 색조로 느낌이 강하게 드러나지 않아 둔하고 침착한 느낌이다. 수수한, 평온한, 점잖은, 차분한, 내추럴 이미지로 일반적으로 베이직한 상품과 캐주얼에 주로 사용되며, 자신을 강하게 드러내지 않는 대표적인 색상이다. 라이트 그레이시 톤은 색이 마치 햇빛에 바랜 것처럼 보여 흐릿하고, 환상적이며, 로맨틱한 포멀웨어 표현에 효과적이다. 그레이시 톤은 겉으로 드러나는 색상의 이미지는 우울하고 침울하지만 침착하고 차분함을 잘 표현하는 색조이며, 화려함은 없으나 누구에게나 잘 어울릴 수 있는 대중적인 감성으로 소박하고 검소하면서 도시적인 이미지 표현에 효과적이다.

메이크업에서는 수수하면서 자연스러운 이미지로 표현되고 한색 계열은 모던한 이미지로 표현된다.

그림 7

수수한 톤

라이트 톤

덜 톤

라이트 그레이시 톤

그레이시 톤

어두운 톤deep, dark

비비드 톤보다 명도와 채도가 약간 낮은 깊고 진하며, 어둡고 무거운 색조로서 어두운, 수수한, 남성적인, 견고한, 무거운 이미지로 엄숙함을 표현한다. 색상이 강하게 드러나지 않아 둔하고, 침착하며, 고풍스러운 이미지로 베이직한 상품에 효과적이다. 딥 톤은 깊은, 충실한, 원숙한 느낌을 주므로 중후하고 고급스러운 이미지 표현에 효과적이고, 화려함이 없는 소박한 느낌이 강하다. 다크 톤은 각 색상 간에 구별이 강하게 나타나지 않으므로 다색의 배색도 효과적이고, 블루계열의 다크 톤은 남성적인 권위를 나타내므로 비즈니스웨어에 가장 적합한 색으로 활용되고 있다.

메이크업은 강한 이미지인 도발적이고 섹시한 이미지로 표현하며, 아트메이크업에서도 많이 활용되는 톤이다.

딥 톤

다크 톤

그림 8
어두운 톤

그림 9
톤 차트

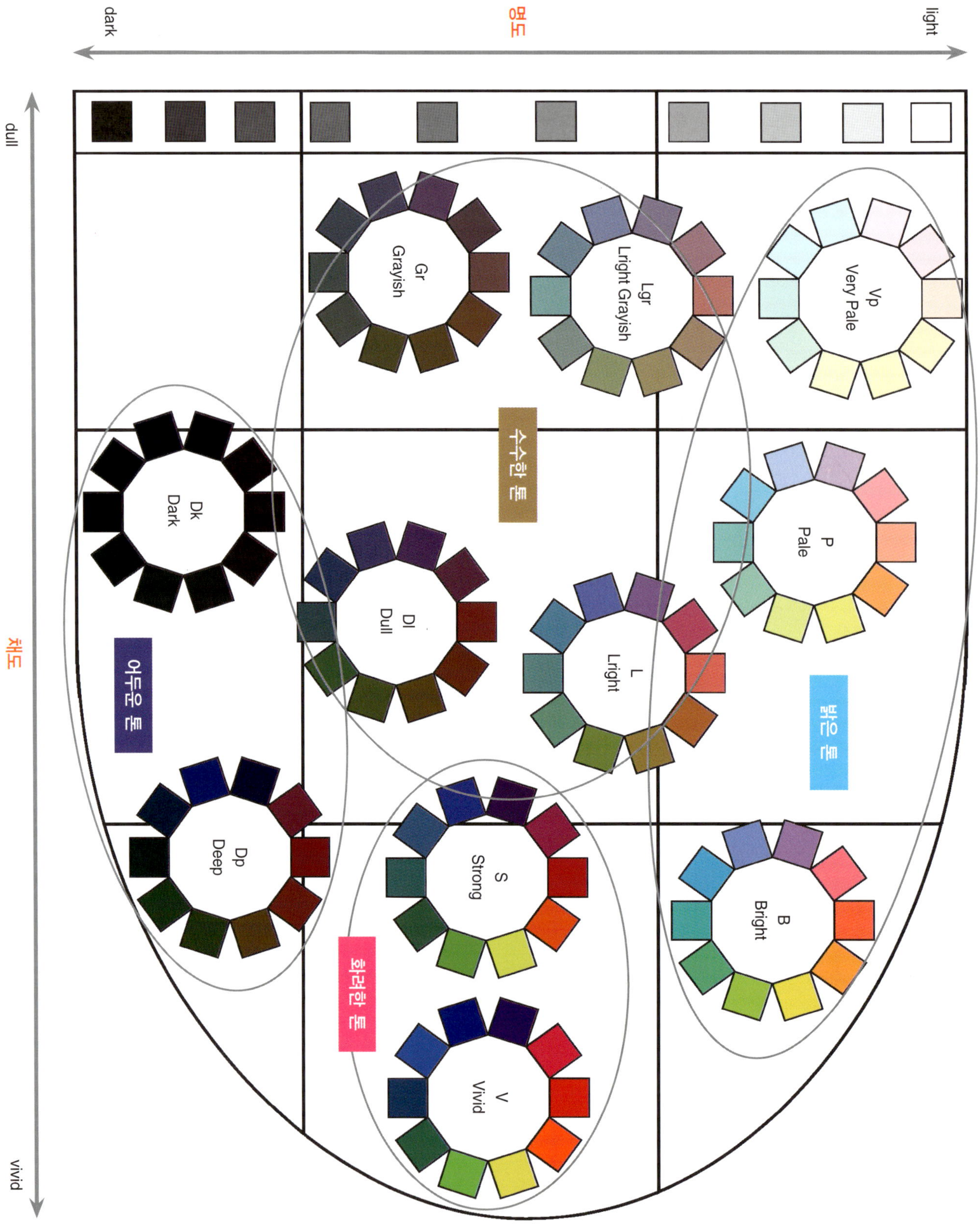

명도
dark
light
채도
dull
vivid
Vp
Very Pale
Lgr
Lright Grayish
Gr
Grayish
P
Pale
L
Lright
Dl
Dull
Dk
Dark
B
Bright
S
Strong
Dp
Deep
V
Vivid
밝은 톤
수수한 톤
어두운 톤
화려한 톤

PRACTICE 01

톤 차트를 만드시오.

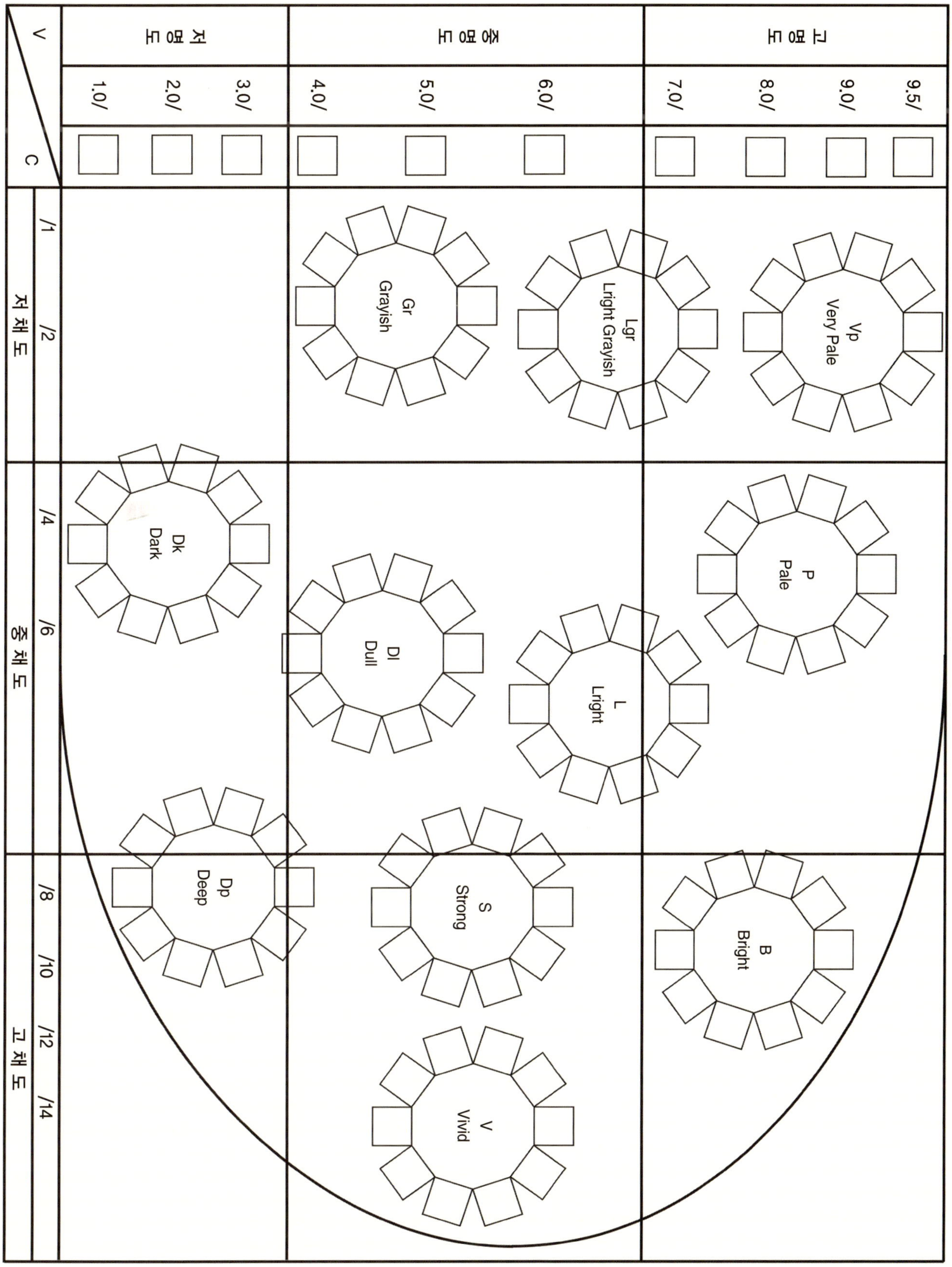

PRACTICE 02

잡지를 활용하여 각 톤에 따른 이미지 맵핑을 하시오.

1 화려한 톤

2 밝은 톤

3 수수한 톤

4 어두운 톤

CHAPTER 02

COLOR ASSOCIATION & COLOR SENSITIVITY

색의 연상과 감성

색의 연상 / 색의 감성

CHAPTER 02

색의 연상과 감성

색의 연상

빨강red

빨간색은 태양, 불꽃, 피, 와인, 장미 등이 연상되며, 추상적 이미지로는 정열, 활동, 긴장, 건강, 생명, 환희 등이 있다. 감각과 열정을 자극하는 색으로 에너지를 느끼게 하는 긍정적인 이미지를 갖는 반면, 공격적이며 분노를 상징하기도 하고 유치, 야만, 비속의 이미지이기도 하다. 또한 빨간색은 불을 상징하므로 위험이나 경고의 이미지를 나타내기도 하고 혁명을 상징하며 전쟁, 애정에 대한 갈망과 적개심을 나타내는 도전적인 색이기도 하다.

빨간색을 선호하는 사람은 정열적이고 본능적인 욕구를 직선적으로 나타내는 외향적

그림 1
빨강

성격을 가진다. 반면에 충동적이고 시기심이 많으며 감정적으로 치우치는 경향이 있어 타인과의 충돌이 잦기도 하다. 빨간색은 다른 색과는 뚜렷하게 구분되고 유사한 점이 전혀 없지만, 극단적인 유연성을 가지고 있어 색조의 미묘한 변화에 따라 사람들의 관심이 크게 달라질 수 있다. 빨간색이 가지고 있는 강렬한 이미지를 하얀색이나 검은색으로 변화시킬 수 있으므로 검은색을 섞게 되면 보다 세련된 분위기를 느낄 수 있으며, 하얀색을 더하여 주면 그 이미지를 순화시킬 수 있다. 빨간색은 지도력과 권위를 상징하지만, 의상에서는 다소 공격적이고 위협적인 분위기로 보일 수 있기에, 첫 만남이나 면접에는 바람직하지 못한 복장이다.

의상에서는 활동성과 기능성이 요구되는 캐주얼웨어에 많이 사용되고 포멀웨어에서는 강한 이미지를 표현하고자 할 때나 강조색으로 사용되기도 한다. 무채색인 회색, 검은색, 하얀색 등과 코디네이션 해주면 강렬하면서도 세련된 이미지로 연출할 수 있다.

메이크업 표현에서 선명한 빨간색은 중국과 일본의 전통적인 연극 분장인 경극, 가부키에서 주로 표현되고 있으며, 일반적인 메이크업에서는 섀도에서 포인트색으로, 또는 입술에 표현해서 강렬하면서도 섹시한 이미지를 연출할 수 있다.

주황yellow-red

주황색은 태양, 불꽃, 감, 석양, 귤 등이 연상되며, 추상적 이미지로 활력, 풍부, 우정, 원기, 건강, 유쾌, 따뜻함 등이 있다. 주황색은 빨간색과 노란색 사이에 있는 색이므로, 빨간색의 흥분과 열정, 노란색의 따뜻한 이미지를 모두 갖고 있다. 빨간색보다는 약하지

그림 2
주황

만 불을 연상시키므로 따뜻하고 활기찬 이미지로 원기 왕성함을 나타낸다. 또한 주황색은 젊은이의 색상으로 정열적이고 쾌활한 이미지를 주기도 한다. 주황색은 식욕을 돋우어 주는 색상이며, 식욕을 돋워주는 색들은 대부분이 자연계에서 흔히 볼 수 있는 색으로 탁한 색조의 주황색은 풍요로운 대지의 느낌이라면, 선명한 색조의 주황색은 다분히 미래지향적인 느낌이다. 주황색은 활기에 넘치는 대지에 비유할 수 있지만, 하얀색을 섞으면 그 특성이 상실되고, 검은색으로 희석하면 둔하고 과묵한 갈색으로 변하므로, 다양한 주황색의 색조들은 각기 서로 다른 이미지를 나타낸다.

주황색을 선호하는 경우, 사교성과 친절함으로 주위 사람들에게 인기가 있고 눈에 띄고 싶어 하는 성격을 가진다. 의상에서는 강렬한 색상으로 캐주얼웨어, 스포츠웨어에 주로 사용되며 빨간색, 노란색과 더불어 하이테크한 에너지를 나타내는 데 효과적이다. 포멀웨어에서는 개방적이며 도시적 세련미를 표현하고자 할 때 원피스 아이템이나 액세서리로 강조하는 코디네이션 방법이 효과적이다.

메이크업은 봄에는 노란색, 초록색과 더불어 봄의 역동적인 이미지로 상큼하게 표현해서 로맨틱하고 귀여운 메이크업으로 연출한다. 가을에는 브라운과 더불어 풍성하고 따뜻한 이미지로서 우아하고 세련된 메이크업으로 눈매를 깊이 있게 표현해 준다.

노랑yellow

노란색은 태양빛, 개나리 등이 연상되며, 추상적 이미지로 호기심, 가벼움, 행복, 주의, 경고, 경솔 등이 있다. 빛을 나타내는 에너지를 상징하며 명랑하고 생동감 있는 이미지를 나타낸다. 살아 있는 생명체 중에서 태양의 따스함과 에너지를 거부할 수 있는 것은 없으며, 순색 중에서 가장 많은 빛을 반사하는 색으로 가장 밝은색이 노란색이다. 그래서 주목성이 가장 높고, 대부분의 교통 표지판과 교통 경찰관 및 아동의 비옷에 사용한다.

노란색은 예술과 철학의 색이며, 미래의 희망과 총명함을 암시한다. 그러나 대단히 복잡한 색으로서 사람들의 시선을 끌지만 사람에 따라 부담스럽고 초조한 기분을 느끼게 한다. 서양에서는 비겁한, 편견, 박해를 상징하기도 하며, 경박해 보이거나 창백한 이미지로 약하고 신경질적으로 보이기도 한다. 이러한 부정적인 이미지 이유 중 한 가지는 제2차 세계대전 중 나치독일의 점령하에서 압박받는 유대인들에게 노란색 명찰과 완장을 착용하게 한 것 때문이라고도 한다.

노란색을 선호하는 사람은 긍정적이고 새로운 것에 대한 모험심이 강한 성격의 소유자이다. 우리의 미각에서 신맛이나 매운맛을 느끼게도 한다. 가장 이상적인 노란색은 황금색이라고 할 수 있다. 황금색 의상은 호화로움과 권세를 상징하며, 의상과 액세서리는 여성의 피부에서 찬란한 윤기와 더불어 윤택한 인상을 자아낸다. 또한 황금색은 재정적인 연상효과로 풍요로운 느낌을 줌과 동시에 허식과 과시를 나타내기도 한다. 주로 눈부신 물체를 나타내며, 황금색 궁전과 배경은 천국이나 초현실적인 현상, 태양의 왕국 등을 의미하기도 한다. 의상에서는 젊은 층의 캐주얼웨어, 스포츠웨어에 주로 활용하며 시

그림 3
노랑

각적으로 강하게 표현되는 색상으로 레인코트에도 적합하다. 화려한 여성스러움을 연출할 때 원피스를 활용해서 파격적인 이미지로 시선 집중의 효과를 극대화할 수 있다.

메이크업은 일반적으로는 초록색, 주황색과 함께 로맨틱하고 귀여운 이미지를 연출할 때 이용되기도 하며, 판타지 메이크업에서는 꽃문양, 불꽃 등의 표현을 해서 시각적으로 강하게 표현한다.

초록 green

초록색은 잔디, 산, 채소 등이 연상되며, 추상적 이미지로 침착, 건강, 안정, 지성, 성실 등이 있다. 자연을 상징하는 색상으로 희망과 평화를 나타내어 평온함의 이미지이다. 젊음과 생명을 상징하며, 신선하고 파릇한 새싹을 나타낸다. 초록색은 왕성한 생명력을 보여주는 반면에 핏기 없는 얼굴을 의미하기도 하고, 혐오스러운 파충류와 외계인을 의미하기도 한다. 과학 문명이 발달하고 복잡한 도시에서의 생활이 늘어날수록 사람들은 자연을 상징하는 초록색을 필요로 하고, 환경보호, 오염되지 않은 깨끗함을 의미하기에 건전하고 상쾌한 것이라는 함축적인 의미를 가지고 있다.

초록색을 선호하는 사람은 온화하고 예의 바른 사회성이 좋은 사람이며, 분쟁을 싫어하고 희생정신이 강한 평화주의 성격의 소유자이다. 의상에서는 다양한 연령층에 사용되고 젊은 층에 잘 어울릴 수 있으며 단색은 지루해 보일 수 있으므로 인접색상과 배색

그림 4
초록

하면 잘 어울린다. 자연 친화적인 색으로 안정감과 침착한 이미지를 원할 때 편안한 스타일의 캐주얼웨어로 연출해 준다.

메이크업은 자연을 상징하는 대표적인 색이므로 노란색과 함께 상큼한 로맨틱 이미지로 연출하기도 하며, 진한 초록색과 함께 표현할 경우에는 모던한 이미지로 깊이 있는 메이크업을 해준다.

파랑 blue

파란색은 바다, 하늘 등이 연상되며, 추상적 이미지로는 고요, 정적, 신비, 냉정, 영원 등이 있다. 하늘과 바다를 연상시키므로 고요하고 신비로움을 상징하며, 젊음으로써 이지적이고 희망을 상징하는 이미지이다. 반면에 차가운 색상으로 냉정함, 우울, 고독함을 상징하기도 한다. 파란색의 특징은 빨간색과 비교해서 설명하면 효과적이다. 빨간색이 활동적이고 능동적이면, 파란색은 내향적이고 수동적이며, 빨간색이 육체적이고 따뜻한 느낌이면, 파란색은 정신적이며 차갑고 수축적이다. 빨간색이 피를 연상시키면, 파란색은 신경계통을 연상하게 한다. 파란색이 채도가 낮아지면, 미신, 공포, 비탄, 멸망과 같은 이미지를 가지며, 초현실적 세계를 지향하고 미술가와 음악가들에게 최고의 재능과 창조성을 이끌어 낸다. 파란색은 초록색과 함께 자연을 상징하지만, 자연계에서 파란색을 흔하게 볼 수 있는 것은 아니며, 먹는 음식 중에서 파란색을 가진 종류는 거의 없는 이유로 식욕을 떨어뜨리는 힘을 가지고 있다.

파란색을 선호하는 사람은 개방적이고 활기차며 창조적인 성격의 소유자이고 논리적이며 현실적인 사람이다. 반면에 자칫 독선적이고 폐쇄적인 사고에 빠질 우려가 있는 사람이다. 파란색은 물의 깨끗한 이미지를 닮아 고급스러우면서 세련된 이미지를 나타낸다. 의상에서 파란색은 밝은 색상으로 여름을 대표하는 의상으로 사용되는데, 리조트웨어로 많이 사용되며 화이트와 배색하면 한층 더 시원한 느낌으로 연출할 수 있다. 단정하며 도시적인 세련미를 표현하기 위해서는 어두운 파란색을 포멀웨어로 활용하면 효과적이다.

메이크업은 시원한 여름에 주로 많이 사용하며 파란색 컬러 한 가지로 표현해서 캐주얼한 이미지로 메이크업해 준다. 진한 파란색과 함께 도시적인 세련미를 모던한 이미지로 깊이 있게 표현하기도 한다.

그림 5
파랑

보라purple

보라색은 포도, 라벤더 등이 연상되며, 추상적 이미지로 신비, 우아, 화려, 고상으로 나타나는 반면 외로움, 슬픔, 정서불안 등이 있다. 또한 감수성의 예민함과 예술적 감각을 나타내기도 한다. 빨간색의 열정과 파란색의 평정을 조화시킨 색으로 극적인 효과를 자아내므로, 복합적이고 신비로운 색으로 인식되고 있다. 또한 최근에는 여성적인 빨간색과 남성적인 파란색의 혼합이라는 의미로 동성애를 상징하는 색으로 알려져 있다. 노란색이 의식의 세계를 나타낸다면 보라색은 무의식을 나타내는 색이기에, 꿈과 영혼을 상징하며, 세련된 마음과 정신을 암시하는 색으로 영적인 느낌이 강하다. 대비효과에 따라 때로는 신비롭고 인상적이며, 때로는 강압적이고 위협적으로 느껴진다.

보라를 선호하는 사람은 열정적이며 낭만적인 성향으로 예술에 관련된 사람들이 많다. 경제적인 부의 상징과 신앙심을 나타내기도 한다.

의상에서 보라색은 관능적인 의상을 표현하고자 할 때 주로 사용되며 드레스 스타일로 우아하고 화려한 느낌의 여성스런 이미지를 연출한다.

메이크업에서는 파티나 화려한 장소에 어울리는 메이크업으로 주로 드레스 의상에 많이 사용하며 우아하고 성숙한 이미지로 표현하기 위해 깊이 있는 강렬한 메이크업을 해준다.

그림 6
보라

검정 black

검은색은 흑장미, 숯, 상복을 연상시키며, 추상적 이미지로 밤, 어두움, 불안, 공포, 죽음, 권위, 허무 등이 있다. 지배를 암시하는 속성으로 인해 검은색 옷, 승용차 등은 권력과 권위를 강조하게 되고, 극도로 점잖은 분위기의 종교계와 권좌에 앉아 있는 사람들에게 필요한 색이다. 검은색은 악과 위험, 반역의 이미지와도 관련이 있고, 애도의 색이며, 절망을 의미하기도 한다.

검은색을 선호하는 사람인 경우, 자신의 감정을 억압하고 솔직하지 못하며 우울한 성향으로 나타난다. 검은색은 부정적인 상징이 강함에도 의상에 많이 사용되며 부분 액세서리로 사용해서 강조의 역할을 한다. 다른 색과 배색해서 선명하고 강렬한 이미지로 표현할 수 있으며 가장 포멀한 의상으로 연출해서 차분하고 엄숙한 이미지를 연출한다.

메이크업에서는 다른 색과 조합으로 모던한 이미지나 깊이 있는 눈매를 표현할 때 가장 많이 사용하며 판타지 메이크업에서는 아방가르드한 이미지나 악마적인 이미지로 표현할 때 사용한다.

그림 7
검정

회색grey

회색은 돌, 시멘트, 재 등을 연상하며, 속도감, 도시, 모던함, 차분함, 금욕 등의 긍정적인 감정과 감성을 나타내는 반면에, 나이 듦, 불확실, 권태, 우울, 평범한, 생기 없는, 숨김 등의 부정적인 감정과 감성을 나타내기도 한다. 회색은 검은색과 흰색을 포함한 무색 혹은 중립적인 색이며, 무표정의 침울한 회색빛 도시를 의미하기도 한다. 회색은 수수하며, 절제된 방법으로 평온함을 유지하고, 합리적이면서 세련미와 고급스러움, 효율성을 강조하는 색이다. 나이, 지혜와 관련이 있기에 예술가, 지성인, 철학자 등이 좋아하는 색이기도 하다. 회색을 좋아하는 경우 언제나 생각이 깊고 교양 있는 사람이다.

의상에서는 얼룩이 크게 드러나지 않는 기능적인 효율성으로 인해 스포츠 유니폼으로 사용되며, 반면에 도시적인 이미지의 정장스타일에 사용하기도 한다. 고급스러운 재질의 진한 회색 정장은 경제적·사회적 품위를 드러내며, 강력한 권력의 느낌을 줄 수 있다.

그림 8
회색

하양white

하얀색은 웨딩드레스, 눈, 병원 등을 연상시키며, 추상적 이미지로 청결, 순수, 고귀, 신성, 결백 등이 있다. 깨끗함과 순결의 상징으로 평화와 신뢰감을 불러일으키며, 천국과 천사의 이미지로 높은 위상을 상징하기도 한다. 하얀색을 선호하는 경우, 고독감을 유발하고 주위를 의식하는 사람으로 완벽한 이상을 추구하고자 하는 성향이 있다. 침울하고, 무감각하며 황량한 것이 심해지면 정신적인 문제로까지 연결될 수 있다.

의상에서는 청결, 순결, 순수의 상징적인 의미로 인해 예복, 로맨틱함과 환상적인 이미지로 드레스에 주로 사용되기도 한다. 단색 하나로 연출해서 심플하면서도 디자인에 따라 화사하게 표현되며 검은색으로 배색해서 모던한 느낌으로 연출해 준다.

메이크업에서 하얀색은 가장 광범위하게 사용되는 컬러로 섀도의 기본이 되며, 얼굴에 전체적인 입체감을 줄 때 사용한다.

그림 9
하양

표 1
색채 연상 어휘

색깔	연상 및 상징	이미지 어휘
빨강	태양, 불꽃, 피, 와인, 장미, 정열, 활동, 긴장, 건강, 생명, 환희	섹시한, 요염한, 도발적인, 매력적인, 화려한
주황	태양, 불꽃, 감, 석양, 귤, 활력, 풍부, 우정, 원기, 건강, 유쾌	발랄한, 상큼한, 활기찬, 화사한, 따뜻한
노랑	태양(빛), 개나리, 호기심, 가벼움, 행복, 주의, 경고, 경솔	상큼한, 발랄한, 환한, 어린
초록	잔디, 산, 채소, 침착, 건강, 안정, 지성, 성실	싱그러운, 건강한
파랑	바다, 하늘, 고요, 정적, 신비, 냉정, 젊음, 우울, 고독	시원한, 차가운
보라	포도, 라벤더, 신비, 우아, 화려, 고상, 외로움, 슬픔, 정서불안	신비로운, 고급스러운, 우아한
검정	흑장미, 숯, 상복, 밤, 어두움, 불안, 공포, 죽음, 권위, 허무	세련된, 도시적인, 간결한
회색	돌, 시멘트, 재, 속도감, 도시, 모던함, 차분함, 나이 듦, 불확실, 권태, 우울, 평범한, 생기 없는, 숨김	도시적인, 지적인
하양	웨딩드레스, 눈, 병원, 청결, 순결, 순수, 고귀, 신성, 결백	순수한, 차가운, 숭고한, 환상적인

PRACTICE 01

색에 따른 이미지 맵핑을 한 후 사용한 색을 붙이고 떠오르는 어휘를 적어보시오.

❶ 이미지 맵

❷ 이미지 맵에 나타난 대표적인 색을 선택하여 색지 붙이기

❸ 색과 연상되는 이미지 어휘

색에 따른 이미지 맵핑을 한 후 사용한 색을 붙이고 떠오르는 어휘를 적어보시오.

❶ 이미지 맵

❷ 이미지 맵에 나타난 대표적인 색을 선택하여 색지 붙이기

❸ 색과 연상되는 이미지 어휘

색에 따른 이미지 맵핑을 한 후 사용한 색을 붙이고 떠오르는 어휘를 적어보시오.

❶ 이미지 맵

❷ 이미지 맵에 나타난 대표적인 색을 선택하여 색지 붙이기

❸ 색과 연상되는 이미지 어휘

색에 따른 이미지 맵핑을 한 후 사용한 색을 붙이고 떠오르는 어휘를 적어보시오.

❶ 이미지 맵

❷ 이미지 맵에 나타난 대표적인 색을 선택하여 색지 붙이기

❸ 색과 연상되는 이미지 어휘

색에 따른 이미지 맵핑을 한 후 사용한 색을 붙이고 떠오르는 어휘를 적어보시오.

1 이미지 맵

2 이미지 맵에 나타난 대표적인 색을 선택하여 색지 붙이기

3 색과 연상되는 이미지 어휘

색의 **감성**

색의 시각적 효과

색채의 시각적 효과는 어떤 색채가 공간과 주변의 색채, 어떤 형태 속에서 제시되는가에 따라 다르게 보이는 현상이라고 할 수 있다. 특정한 목적에 따라 시각적인 주목성이 높은 색, 또는 암시적인 느낌을 전달하고자 색을 이용한다.

| 따뜻한 색 / 차가운 색 | 색에서 따뜻함과 차가움은 색의 세 가지 속성 중에서 색상에 주로 영향을 받으며 난색, 한색, 중성색으로 나눌 수 있다. 빨강-주황-노랑-연두-초록-파랑-하양 등의 순서로, 빛의 파장이 긴 쪽이 따뜻하게 느껴지고, 파장이 짧은 쪽이 차갑게 느껴지는 것이 보통이다. 연두, 초록, 보라, 자주 등은 때로는 차갑게도 때로는 따뜻하게도 느껴질 수 있다. 이러한 색상들을 중성색이라고 부른다.

난색인 빨강, 주황, 노랑은 따뜻한 느낌을 주며 자극적이고 흥분시키는 색이다. 한색인 남색, 파랑, 청록은 시원하고 차가운 느낌이 나며 안정적이고 침착하게 하는 색이다. 중성색인 연두, 초록, 보라, 자주, 무채색은 따뜻함이나 차가움을 느끼게 하지 않는다.

| 무거운 색 / 가벼운 색 | 중량감에 가장 큰 영향을 미치는 것은 명도로 명도의 차이

그림 10
따뜻한 색▸ 차가운 색▸▸

그림 11
무거운색▸ 가벼운 색▸▸

가 무게감의 차이로 나타난다. 난색계열은 가벼운 느낌, 한색계열은 무거운 느낌을 주는 경향이 있다. 명도가 높고 밝은색은 부드럽고 경쾌하며 가벼운 느낌을 주고, 명도가 낮고 어두운 색은 가라앉은 중압감과 무거운 느낌을 준다. 가벼운 느낌의 색과 무거운 느낌의 색과의 관계에서 같은 사물이라도 위쪽이 가벼운 느낌의 색이고 아래쪽이 무거운 느낌의 색일 때는 안정감을 느끼며 이와 반대일 때는 불안정한 느낌을 준다.

| 딱딱한 색 / 부드러운 색 | 색에서 고채도, 어두운, 차가운 색은 딱딱한 느낌을 주는 경향이 있으며 저채도, 밝은, 따뜻한 색은 부드러운 느낌을 준다. 주로 채도가 이러한 경연감의 주된 요인이다.

| 진출색 / 후퇴색 | 진출색은 앞으로 튀어나와 보이는 색으로 따뜻한 색, 고명도, 고채도, 유채색이다. 후퇴색은 뒤로 물러나 들어가 보이는 색으로 차가운 색, 저명도, 저채도, 무채색이다. 색의 진출과 후퇴에는 주로 색상의 차이가 영향을 미친다.

| 팽창색 / 수축색 | 팽창색은 따뜻한 색, 고명도로 실제 크기보다 팽창해서 커 보이는 색이다. 수축색은 차가운 색, 저명도로 실제 크기보다 수축해서 작아 보이는 색이다.

그림 12
◂◂ 딱딱한 색 ◂ 부드러운 색

그림 13
◂◂ 진출/팽창 ◂ 후퇴/수축

| 흥분색 / 진정색 | 난색계열의 고채도 색인 경우 심리적으로 흥분감을 유도하며, 한색계열의 저채도 색인 경우 심리적으로 진정되는 느낌을 준다. 밝고 선명한 색은 원기 왕성하고 활발한 운동감이 있으며 어두운 색은 가라앉은 분위기를 만들어 내어 차분함을 느끼게 한다. 푸른 방에는 흥분된 환자, 붉은 방에는 우울증 환자로 색채치료요법을 쓰기도 한다.

그림 14

흥분색▸ 진정색▾

PRACTICE 02

다음 모티프에 색칠하시오.

1 무겁고 차가운 색으로 표현하시오.

다음 모티프에 색칠하시오.

❷ 따뜻하고 부드러운 색으로 표현하시오.

색의 공감각

공감각synaesthesia이란 어떤 감각기관에 주어진 자극으로 인해 발색하는 특유의 반응 이외의 인간의 다른 감각미각, 후각, 촉각, 청각과 공통되는 특성에 있어 감성적 반응을 일으키는 경우를 말한다. 즉, 하나의 감각을 통하여 다른 감각기관의 감각을 느끼는 것을 공감각이라고 하며, 색을 통해 느끼는 것을 색의 공감각이라고 한다.

| 미각 | 미각은 화학적 감각의 하나로서 미각의 수용기는 미뢰味蕾이며, 음식의 색에는 대부분 즉각적이고 민감하게 반응을 일으킨다. 음식의 색채가 빨강에서 주황으로 근접해 갈수록 식욕이 더욱 자극되며, 붉은 계열의 음식은 철분이 풍부해서 피를 맑게 하고 에너지를 증가시키는 데 도움을 주며 주황색 음식은 식욕을 촉진하고 소화기능을 돕는다. 그래서 주황색은 식욕을 강하게 자극하는 색상이며, 노란색부터 식욕을 자극하는 정도는 감소하기 시작하는데, 자연의 색상인 초록색이 되면 다시 식욕이 증진된다. 파란색은 음식의 색상으로 쓰이는 경우가 거의 없으며, 식욕을 자극하지 못한다.

음식의 색을 보고, 먹고 싶다는 생각을 갖게 되는 것은 색을 보면서 그것에 대한 맛을 연상하기 때문이다. 라벤더, 초록색 등은 산뜻한 맛, 빨간색과 핑크는 달콤한 맛, 갈색과 보라색은 쓴맛, 노란색과 황록색은 신맛, 연한 초록색과 회색은 짠맛을 연상하게 한다.

| 후각 | 후각은 화학물질의 분자에 의해 비강 내의 후세포嗅細胞가 자극되어 생기는 감각으로서 물건이나 색에서 직접적으로나 간접적으로 향기를 느끼기도 하는 감각현상이다. 장미, 라일락, 소나무, 백합, 오렌지, 커피, 초콜릿 등의 색채를 보면 그 향이 느껴지는 듯하며, 색에서 느껴지는 향은 개인의 경험에 따라 다르게 나타나기도 한다.

그림 15
미각을 자극하는 다양한 음식의 색깔

그림 16
향기를 연상시키는 다양한 색채

| 촉각 | 촉각은 온도나 아픔을 분간하는 피부의 감각으로 촉각에 의해 색을 느끼는 경우는 드물지만, 대부분 시각을 보조하여 색의 특성이나 재료감 등을 더욱 증가시키는 역할을 한다. 사람의 심리상태에 따라 색상은 따뜻하거나 서늘하게 느껴지며, 건조하거나 습하게 느껴지기도 한다. 일반적으로 뜨거운 것은 태양이나 불에서 빨간색과 주황색을 연상하고, 서늘한 것은 물이나 하늘의 파란색과 초록색을 연상하는 경향이 있다. 또한 미끈미끈하거나 끈끈한 느낌, 부드럽거나 딱딱한 느낌, 매끈하거나 거친 느낌 등을 줄 수 있다.

| 청각 | 청각은 음파가 귀에 자극되어 소리를 듣게 되는데, 이때 소리뿐만 아니라 색까지 느낄 수 있는 것을 말한다. 또한 그 반대로 색을 보면서도 음을 느낄 수 있다. 소리의 높고 낮음에 따라 각기 다른 색이 느껴지며, 낮은 음은 어두운 색상, 높은 음은 고명도, 고채도의 색상, 날카로운 음은 순색과 선명한 색상에서 느껴진다.

그림 17
색상으로 느껴지는 소리

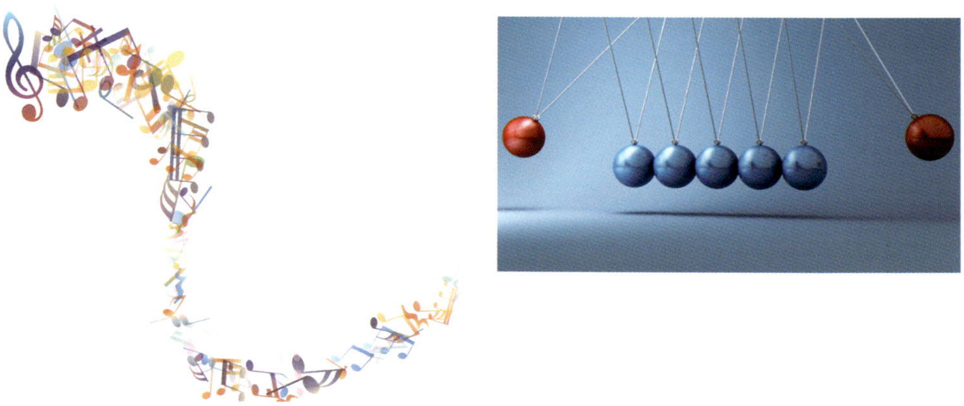

PRACTICE 03

다음 지문에 적합한 이미지를 찾고 색을 표현하시오.

1 따뜻한 빵 냄새를 색으로 표현하시오. (색지 붙이기)

이미지 사진 붙이기

다음 지문에 적합한 이미지를 찾고 색을 표현하시오.

2 아이들을 위한 부드럽고 달콤한 맛의 생일 케이크를 만들려고 한다. 색으로 표현하시오. (색지 붙이기)

이미지 사진 붙이기

다음 지문에 적합한 이미지를 찾고 색을 표현하시오.

③ 레스토랑에서 시간의 회전율을 높이면서 식욕을 돋우는 색으로 인테리어를 하고자 한다. 색으로 표현하시오. (색지 붙이기)

이미지 사진 붙이기

CHAPTER 03

COLOR
COMBINATION

색채 **배색**

색상 배색 / 다양한 배색 / 이미지 배색

CHAPTER 03 색채 **배색**

색상 **배색**

동일색상 배색

동일색상 배색은 동일한 색상의 범위 안에서 톤을 달리하여 배색하는 것을 말한다.

이 배색은 한 가지 색상을 사용하므로 질서감과 안정감뿐만 아니라 통일감이 느껴지는 배색이다. 그러나 단색으로 인해 자칫 단조로울 수 있기에 명도와 채도의 톤에 변화를 주면서 배색하면 조화로울 수 있다.

그림 1
동일색상 배색

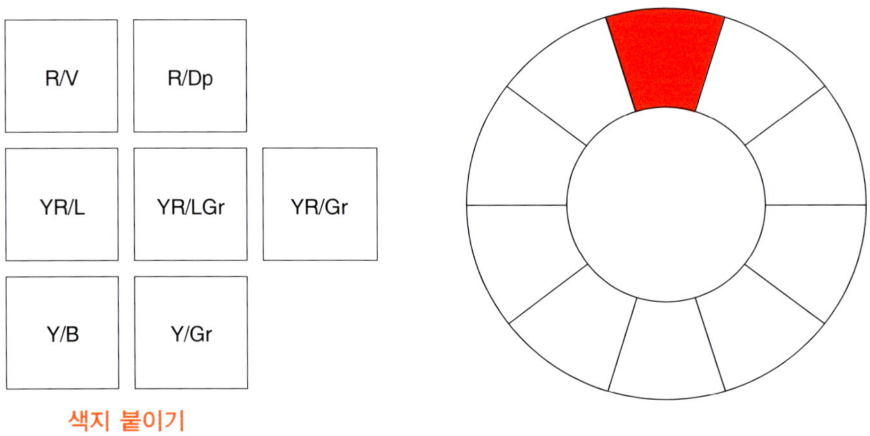

유사색상 배색

색상환에서 서로 인접해 있는 색의 배색을 말하는 것으로 서로 잘 어울리는 조화로운 배색이다. 반대색처럼 강렬하지 않고 동일색처럼 단조롭지 않다.

예를 들어, 빨강을 기준으로 유사색상을 배색한다면 자주와 주황처럼 인접해 있는 색을 배색하는 것이다.

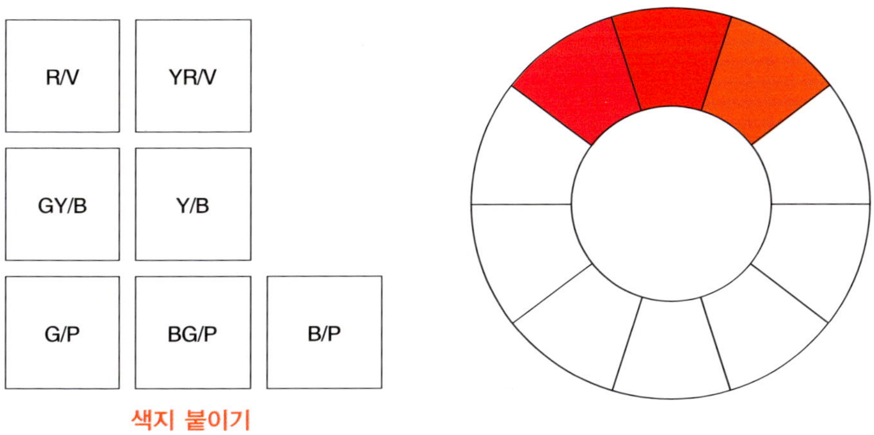

그림 2
유사색상 배색

반대색상 배색

반대색상 배색은 색상환에서 반대편에 있는 색상끼리의 배색을 말한다. 반대색상에는 보색을 포함하고 있다. 보색은 색상환에서 정반대에 있는 색상을 말하는 것으로 가장 대조가 되는 색을 말한다. 반대색상 배색은 대비효과가 강하고 선명하며 강한 느낌을 준다.

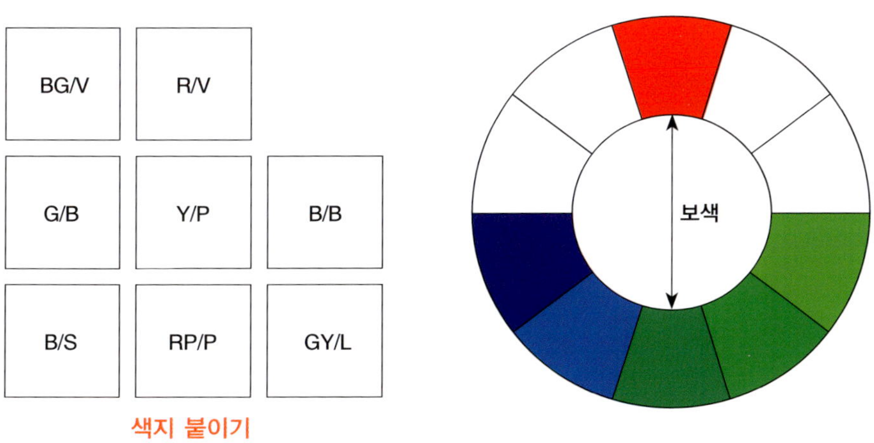

그림 3
반대색상 배색

다양한 **배색**

톤 온 톤tone on tone

톤 온 톤 배색은 동일 혹은 유사한 색상의 조합에서 톤의 변화를 주는 배색이다. 동계색 혹은 단색상의 조합으로 무난하면서 정리된 배색효과를 준다. 부드럽고 은은한 이미지를 표현하고자 할 때 효과적인 배색방법이다.

그림 4
톤 온 톤 배색

톤 인 톤tone in tone

톤 인 톤은 동일한 톤에서 색상의 변화를 주는 배색이다. 톤의 선택에 따라 강하고 약한, 가볍고 무거운 등의 다양한 이미지를 연출할 수 있지만 톤이 동일하기 때문에 조화로움을 느낄 수 있다. 예를 들어, 비비드 톤의 톤 인 톤 배색은 높은 채도의 컬러에서 느껴지는 선명하고 활동적인 에너지로 인해 액티브한 느낌으로 표현하면 효과적이다.

그림 5
톤 인 톤 배색

대비contrast

대비 배색은 대조되는 성질을 가진 색의 조합으로 색의 삼속성을 기준으로 한 배색과 톤을 기준으로 한 배색이 있다. 색상 차이에 의한 대비 배색은 보색 혹은 반대색을 사용하여 대립관계를 극대화함으로써 부조화스럽고 저항적이지만 젊음과 활력을 표현하는 데 효과적인 배색이다. 명도 차이에 의한 대비 배색은 명도의 차이를 주어 명쾌하고 발랄하며 역동적인 효과를 준다. 채도 차이에 의한 대비 배색은 채도의 차이를 주어 화려하면서 침착한 느낌으로 인위적인 배색효과를 준다. 톤 차이에 의한 대비 배색은 명도와 채도가 모두 대립된 배색이기에 긴장감이 있으며 복잡한 느낌을 준다.

그림 6
대비 배색

색상 대비

명도 대비

톤 대비

그라데이션gradation

그라데이션 배색은 색상, 명도, 채도, 톤 등을 규칙적이면서 점진적으로 변화를 주는 배색이다. 시각적인 흐름을 조성하며, 역동적인 느낌을 연출할 수 있다.

그림 7
그라데이션 배색

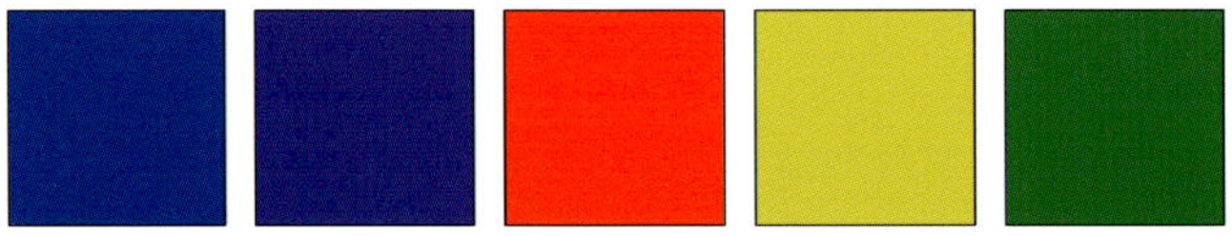

색상 그라데이션

명도 그라데이션

채도 그라데이션

명도 그라데이션

색상 그라데이션

강조accent

강조 배색은 일부분에 악센트강조가 되는 색을 중심으로 색을 조합하는 배색이다. 주로 강조색으로 사용되는 색은 주조색과 대조되는 색을 사용하지만 작은 면적에 대조되는 색을 사용하여 그 부분을 강조함으로써 전체의 이미지를 긴장시키며 두드러지는 효과를 얻을 수 있다.

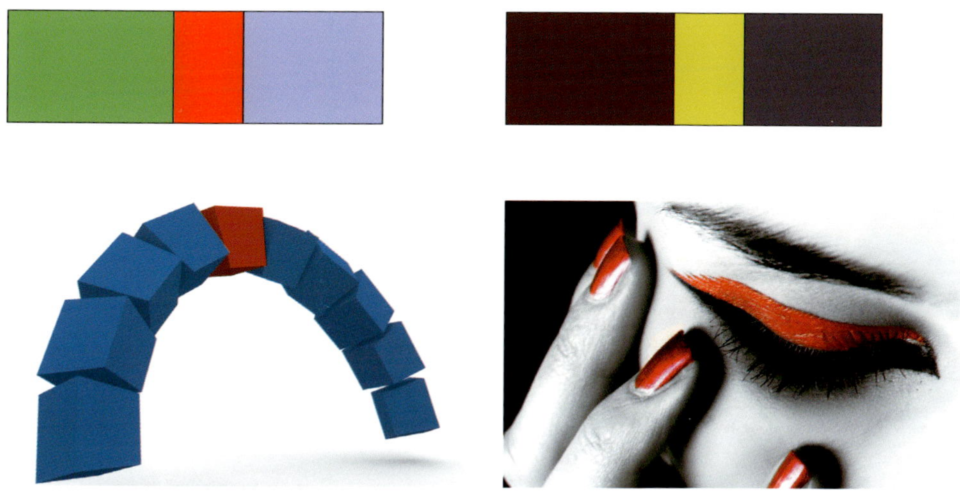

그림 8
강조 배색

분리separation

분리 배색은 두 가지 이상의 색을 배색할 때 색상 간의 느낌이 조화롭지 않거나 지나치게 강할 경우에 배색의 중간에 무채색이나 중간색을 함께 배색하는 방법이다. 서로의 색상을 두드러지게 하기 위해 색상을 한 가지 더 선택하여 대조를 강조하거나 배색을 어울리게 하기 위해 중간색으로 무채색을 사용하는 경우가 있다. 활동적이고 캐주얼한 느낌을 준다.

그림 9
분리 배색

카마이유camaieu / 포카마이유faux camaieu

카마이유 배색은 거의 동일한 색상, 명도, 채도의 범위에서 색상을 선택하여 거의 같은 색으로 보이는 배색이다. 색상 간의 차이가 크지 않고 미묘하여 동일색상에 유사색조로 사용되며 안정적이고 부드러운 느낌을 준다. 카마이유 배색이 색상과 색조가 거의 차이가 없는 것에 비해 포카마이유는 색상과 색조에 약간의 변화를 준 배색이다.

그림 10
카마이유 배색

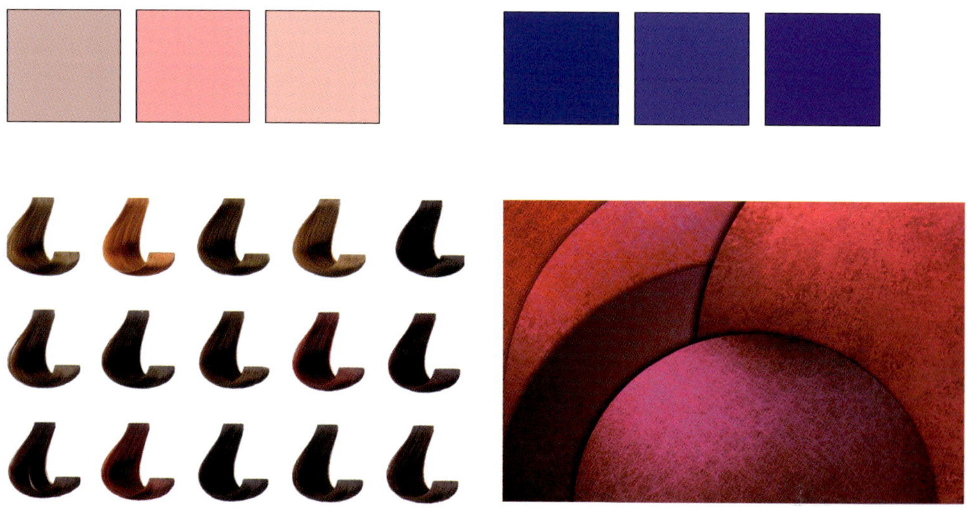

토널tonal

토널 배색은 중명도, 중채도의 탁한dull 색의 배색이다. 이는 전체적으로 차분하고 안정적이며 성숙된 느낌을 준다.

그림 11
토널 배색

PRACTICE 01

다음 배색에 맞게 색지를 붙여보시오.

❶ 톤 온 톤

❷ 톤 인 톤

❸ 세퍼레이션

❹ 악센트

❺ 콘트라스트

❻ 카마이유

❼ 그라데이션

❽ 토널

이미지 배색

엘레강스elegance

엘레강스는 우아하고 고상한 대표적인 여성적인 패션 이미지이다. 엘레강스 이미지의 색채는 여성스러움을 나타내는 빨강, 마젠타, 보라의 색상을 중심으로 사용하여 부드러운 페일 톤과 함께 우아하고 고상한 이미지를 주기 위해 그레이시한 느낌이 가미된 라이트 톤, 라이트 그레이시 톤 등이 중심 컬러이다.

로맨틱romantic

로맨틱 이미지는 사랑스럽고 귀여운 느낌의 꿈과 환상적인 이미지이다. 소녀적이며 낭만적인 감성을 가진 느낌으로, 더 나아가 환상적이고 몽환적으로 느껴진다. 페일 톤의 핑크, 노랑, 보라계열의 색상으로 로맨틱한 이미지를 부각시킨다.

클래식classic

유행에 상관없이 시대를 초월하는 가치와 보편성을 지닌 고전적이고 전통적인 이미지이다. 베이직한 테일러드 수트나 샤넬 수트, 카디건, 진 팬츠, 블레이저 등에 활용된다. 트위드, 울 소재의 타탄체크, 격자무늬, 유기적인 구상무늬 등이 주로 사용되며, 갈색 톤을 중심으로 와인, 다크 그린, 겨자색 등의 깊이 있는 색을 사용한다. 색상 간의 대비가 강하지 않은 패턴을 사용하여 서로 부딪치지 않는 동색계열로 자연스럽게 조화를 이루게 한다.

그림 12
엘레강스 이미지

그림 13
로맨틱 이미지

그림 14
클래식 이미지

프리티pretty

프리티 이미지는 로맨틱에서 사랑스럽고 귀여운 이미지를 한층 더 표현하는 것이다. 사랑스러운 컬러의 페일 톤을 기본으로 핑크색의 컬러와 함께 귀엽고 발랄함이 느껴지는 브라이트 톤의 노랑, 빨강, 파랑 등의 컬러가 중심이다.

내추럴natural

내추럴이란 '자연스러운'의 의미로 인위적이지 않고 편안하며, 구속하거나 과장하지 않은 자연스러운 이미지이다. 평온한 자연에서 나온 흙, 나무, 공기, 바람, 물 등의 자연물에서 나타난 색 위주가 많으며, 아주 밝거나 어두운 색보다는 중간 채도와 명도의 색으로 베이지, 브라운, 연두색, 초록색 등의 소박하고 차분한 이미지로 표현된다.

고저스gorgeous

고저스는 '호화로운, 매력적인, 화려한'의 의미로 화려한 색상과 멋진 장식을 주로 활용하며, 육감적이고 매혹적인 감성으로 표현한다. 선명하고 화려한 스트롱 톤, 비비드 톤 위주의 빨간색계열과 노란색계열, 보라색계열의 색상으로 표현한다.

그림 15
프리티 이미지

그림 16
내추럴 이미지

그림 17
고저스 이미지

그림 18
캐주얼 이미지

캐주얼casual

캐주얼은 연령이나 성별과 상관없이 자유롭고 경쾌한 젊음과 자유로운 편안함을 중점으로 개성을 드러내는 이미지이다. 비비드 톤, 스트롱 톤, 라이트 톤의 노란색, 주황색, 빨간색, 핑크, 초록색, 파란색 등을 활용한 배색으로 화사하고 밝은 이미지이다.

매니시mannish

자립심이 강한 여성의 이미지를 강조한 것으로 남성적인 느낌의 넥타이, 테일러드 재킷, 단색의 팬츠, 소년풍의 모자, 웨스턴부츠 등으로 당당한 느낌의 이미지를 연출한다. 색상은 어두운 톤을 중심으로 회색, 초록색, 진한 갈색, 올리브 그린 등이 활용된다.

다이나믹dynamic

활동적이고 경쾌한 이미지로 밝고 선명한 색상을 주로 사용한다. 강렬한 감성의 브라이트 톤, 비비드 톤의 빨간색, 파란색, 검은색 등의 색을 활용하여 강한 대비 배색으로 역동적이고 정열적인 이미지로 표현된다.

그림 19
매니시 이미지

그림 20
다이나믹 이미지

그림 21

클리어 이미지

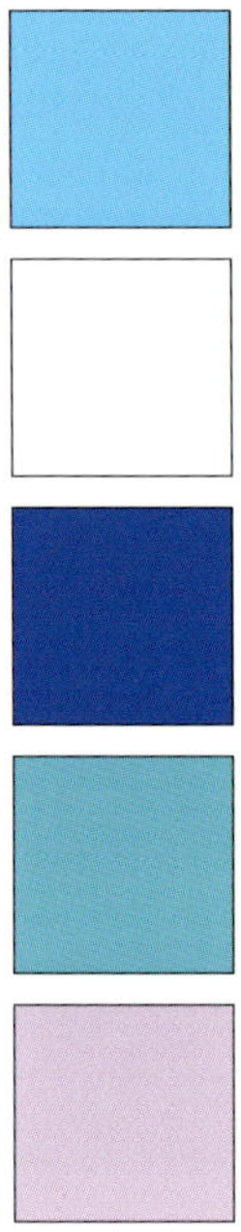

클리어clear

클리어는 맑고 깨끗한 이미지로 물과 같이 맑고 정적인 느낌으로 연출한다. 주로 하얀색과 밝고 청명한 라이트 톤, 브라이트 톤의 그린에서 파란색계열의 에메랄드, 터쿠아즈, 스카이 블루 등을 기본으로 레몬 옐로, 연두색 등의 시원하고 경쾌한 느낌의 깨끗한 이미지를 전달하며, 큰 보색 대비 없이 산뜻함으로 표현된다.

모던modern

'세련된, 정교한'의 의미로 도회적 감성, 하이테크한 분위기를 중심으로 진취적이고 세련된 이미지이다. 현대적이고 도시적인 감각이 돋보이는 세련된 아름다움과 멋을 추구하는 감성으로 장식이 극히 제한적이며, 심플한 디자인으로 기하학적인 구조로 연출된다.

시크chic

시크는 '멋진, 고상한, 세련된'의 의미로 현대적이고 고상하며 세련된 이미지이다. 고급스러움과 도시적인 감성의 주된 색 표현은 무채색과 중간 톤의 그레이시 톤, 라이트 톤의 중심으로 차갑고 지적인 느낌으로 표현한다.

그림 22
모던 이미지

그림 23
시크 이미지

PRACTICE 02

이미지 배색 스케일

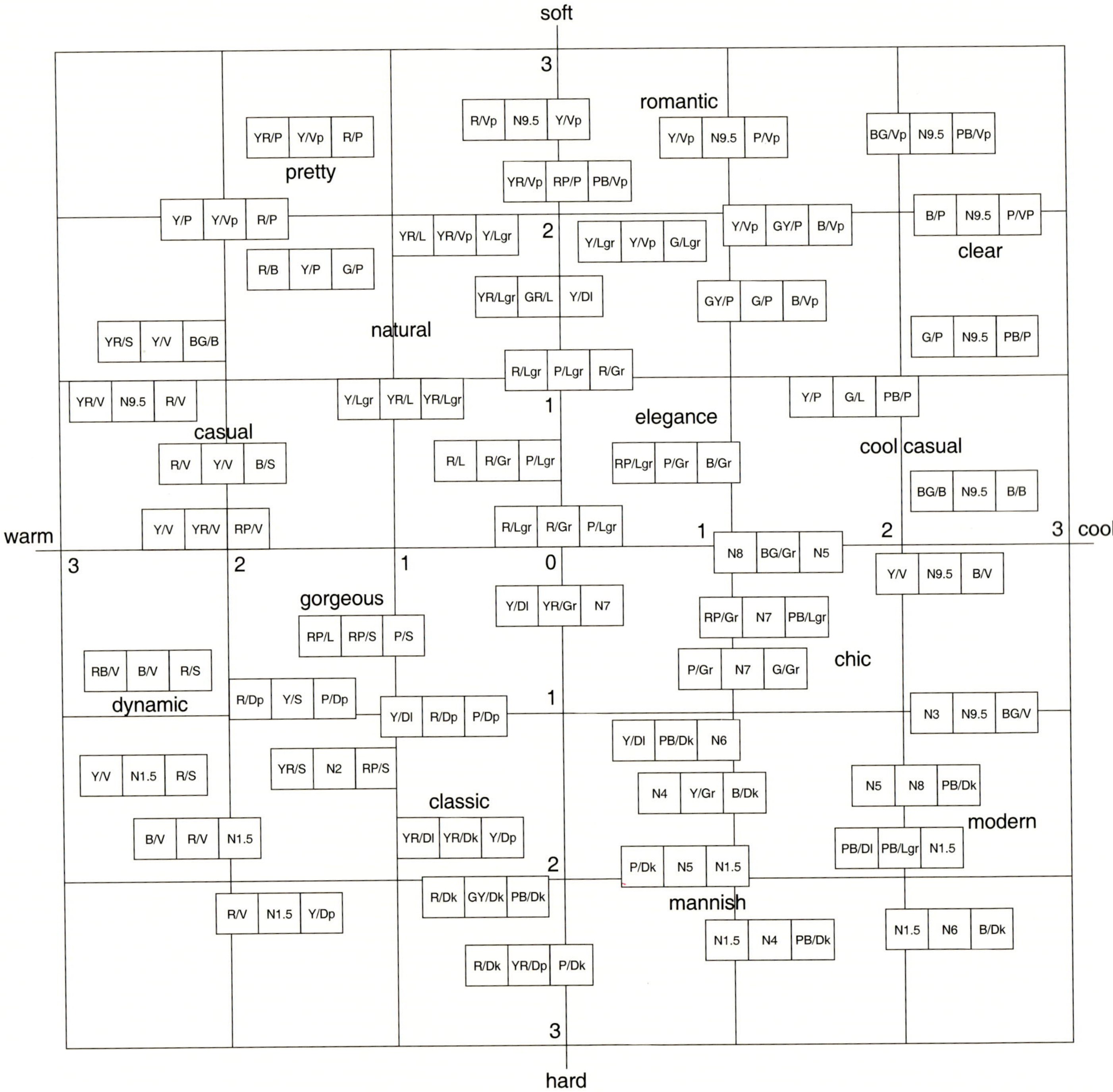

PRACTICE 03

원하는 이미지 하나를 선정하여 이미지 배색 맵핑을 하시오.

❶ 색지 붙이기

❷ 이미지 붙이기

PRACTICE 04

제시된 사진에서 사용하고자 하는 색을 추출하여 제시된 그림에 배색한 후, 사용한 색의 띠를 만들어 보시오.

예

사진

색 추출

완성작품

그림에 배색된 색 비율

제시된 사진에서 사용하고자 하는 색을 추출하여 제시된 그림에 배색한 후, 사용한 색의 띠를 면적을 고려하여 만들어 보시오.

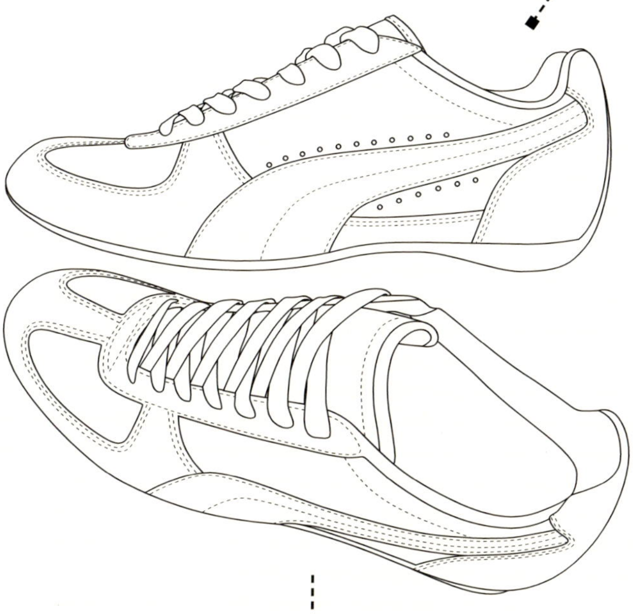

그림에 배색된 색 비율

CHAPTER

04

SEASON IMAGE &

PERSONAL COLOR

시즌 이미지와 퍼스널 컬러

시즌 이미지 / 퍼스널 컬러

CHAPTER 04

시즌 이미지와 퍼스널 컬러

시즌 이미지season image, 계절 이미지

봄spring

봄은 만물이 소생하는 계절로 새순처럼 촉촉하고 선명한 밝은 빛의 투명함을 지니게 된

그림 1
봄 이미지

사진의 봄 이미지에서 색을 찾아 붙여보자.

다. 전체적인 이미지 컬러는 노란색을 기본색으로 모든 색채에 혼합되어 성장과 에너지를 상징하게 된다. 빨간색, 파란색, 초록색 등 어떤 색상이든지 노란색이 가미된 따뜻한 톤이며 신선한 과일과 같이 선명하고 강한 원색이 주를 이루고, 새싹의 상징색인 연두색으로 봄의 생동감을 나타낸다.

여름summer

여름은 강한 태양 빛에 의해 부드럽고 흐린 파스텔 톤과 시원한 푸르름이 주를 이루는 하얀색과 파란색이 모든 색의 기본 색상이다. 특히, 초록색에서 청록색의 푸르름이 특징이며 파란색의 절제된 엄격함과 초록색의 평온함을 지닌 색이 여름을 대표하는 색이다.

여름 색상의 특징은 기본적으로 하얀색을 지니고 있어 밝고 부드럽지만 선명하지 못하고 흐린 편이다.

그림 2

여름 이미지

사진의 여름 이미지에서 색을 찾아 붙여보자.

가을autumn

가을은 풍요로움과 깊이를 대표하는 계절로 황금빛 들판의 곡식 색과 단풍잎의 색이 대표적인 색이다. 가을 색상은 기본적으로 따뜻한 계열과 황색을 지닌 자연의 색이 주를 이루며 차분하고 부드러운 느낌을 준다. 노란색을 대표하는 봄의 색과 비교하면 난색 중에서도 차분하고 안정적인 자연의 색으로 채도가 낮고 풍부한 깊이를 느낄 수 있다.

그림 3
가을 이미지

사진의 가을 이미지에서 색을 찾아 붙여보자.

겨울winter

겨울은 흰 눈을 상징하는 순백색과 푸른빛을 지닌 진하고 어두운 색으로 선명하면서 강한 절제된 이미지이다. 겨울 색상은 푸른빛이 감도는 색 중에서도 강하고 안정적인 느낌을 주는 색으로 선명하고 어두운 계열이 주를 이룬다. 또한 콘트라스트가 강한 편으로 단순 명료한 선명한 이미지를 지니고 있으며 크리스마스에 보여지는 색들이 겨울색이다. 또한 겨울 색상은 강한 대비에 선명한 느낌으로 활동적이고 도시적이다.

그림 4

겨울 이미지

사진의 겨울 이미지에서 색을 찾아 붙여보자.

PRACTICE 01

계절을 선택하여 이미지 맵을 만들고 계절의 색을 붙여보시오.

예 가을 이미지

계절을 선택하여 이미지 맵을 만들고 계절의 색을 붙여보시오.

1 봄 이미지

계절을 선택하여 이미지 맵을 만들고 계절의 색을 붙여보시오.

2 여름 이미지

계절을 선택하여 이미지 맵을 만들고 계절의 색을 붙여보시오.

❸ 가을 이미지

계절을 선택하여 이미지 맵을 만들고 계절의 색을 붙여보시오.

4 겨울 이미지

퍼스널 컬러personal color

퍼스널 컬러 시스템personal color system은 개인에게 어울리는 색을 진단하는 시스템으로 일반적으로 널리 알려져 있다. 퍼스널 컬러의 개념은 20세기 초 미술조형학교인 바우하우스 스쿨Bauhaus School의 요하네스 이텐 교수에 의해서 컬러 분석이 시작되어 1928년에 미국의 로버트 도우에 의해 실내인테리어 용도로서 언더 톤under tone의 분석에 의해 배색 제안이 시작되었다.

리네 라프가 컬러 키color key를 정립해서 화장품회사에 제안하게 되고 수잔 카질에 의해 1940년 피부색, 모발색, 눈의 색으로 퍼스널 컬러를 결정하는 시스템을 개발하게 되었다. 다이아나 방스의 패션 아카데미에서 교재로 출간되면서 퍼스널 컬러를 사계절four season에 대응시키는 방법이 제안되었다. 그 후 캐롤 잭슨의 《컬러 미 뷰티플Color me beautiful》1981이라는 저서를 통해 대중화되기 시작했다.

퍼스널 컬러는 색의 언더 톤under tone에 근본을 두고 있으며 색의 언더 톤이란 전체의 색조에서 느껴지는 공통된 색의 배합을 일컫는다. 전체적으로 푸른색 기운이 느껴지는 블루 베이스blue base, 노란색 기운이 느껴지는 옐로 베이스yellow base라고 하며 이것을 피부색에 적용을 해서 퍼스널 컬러의 분석이 시작된다.

미국에서는 피부의 언더 톤을 중심으로 사계절에 대응시켜 퍼스널 타입을 분류한 것이 시즈널 컬러 시스템seasonal color system으로 봄, 여름, 가을, 겨울 등의 타입으로 분류하고 있다.

일본에서는 1980년대에 시즈널 컬러 시스템이 도입되었으나 다인종에 대응한 시스템이므로 단일인종인 일본인에게 그대로 적용하기에는 여러 가지 문제점이 발생하여 1990년대에 들어서 일본인 진단용으로 새롭게 정리한 퍼스널 컬러 시스템이 등장하였는데, 언더 톤을 블루 베이스, 옐로 베이스 그리고 중간 베이스 컬러joint color, newtral shade, no base 등를 도입한 시스템인 스리 베이스 컬러 시스템three base color system을 개발, 사용하고 있다.

한국에서는 1990년대에 도입되어 시즈널 컬러 시스템이 주로 사용되고 있으나 일본에서 주로 사용하고 있는 동양인에게 대응되는 스리 베이스 컬러 시스템도 빠르게 확산되고 있는 추세이다.

퍼스널 컬러는 피부색을 건강하게 보이게 하는 컬러를 일컫는다. 자연스런 인상을 주는 조화로운 색으로 객관적으로 봐서 건강하게 보이는 색이라고 할 수 있다. 그래서 퍼스널 컬러의 진단 목적은 개인에게 어울리는 색, 즉 건강하게 보이는 색을 진단 시스템을 통해 찾는 것이다. 개인의 피부색, 머리카락색, 눈동자색을 기준으로 퍼스널 컬러를 진단해서 패션에 적용하므로 아름다운 스타일을 연출하는 데 활용할 수 있다.

시즈널 컬러 시스템

시즈널 컬러를 진단하는 데 기본이 되는 것은 우선 피부의 언더 톤under tone을 블루 베이스blue base, 옐로 베이스yellow base 그룹으로 분류해서 그 언더 톤을 중심으로 봄, 여름, 가을, 겨울 등의 타입으로 분석한다.

| 봄 타입spring type | 봄 타입은 귀엽고 경쾌하며 발랄한 활기 넘치는 젊은 이미지로 헤어 색과 피부색이 밝으며 옐로 베이스에 속한다.

피부색은 매끄럽고 밝고 투명하며 피부가 대체적으로 얇아 주근깨 등의 잡티가 나타난다. 아이보리, 황색의 베이지, 복숭아색 등이다. 헤어 색상은 밝은 갈색으로 윤기가 나고 부드러우며 가늘다. 눈동자 색은 그린, 밝은 갈색 등이며 눈동자가 반짝이는 빛이 나는 눈이다.

어울리는 색상은 노랑이 기본이 되는 난색계열과 신선한 색, 즉 선명한 비비드 톤과 밝은 파스텔 톤이 어울린다. 흰빛과 푸른빛을 지닌 찬색과 무겁고 칙칙한 색상은 피한다.

그림 5
봄 타입

| 여름 타입summer type | 여름 타입은 다소 차가우면서도 부드럽고 친절하며 온화한 여성스런 이미지로 블루 베이스에 속한다.

피부색은 핑크빛이 나며 다소 붉은 피부가 많아 대체적으로 중간색이나 어두운 피부가 많은데, 핑크색, 장밋빛 나는 하얀색, 블루 베이지, 검붉은색 등이다. 헤어 색은 윤기가 나지 않으며 건조하고 가늘다. 밝은 명도의 블론드, 다크 브라운 등의 색이며, 눈동자색은 부드러운 갈색이 많아 여성스럽고 부드러운 느낌을 준다. 연한 회색조의 블루 아이, 소프트 브라운, 다크 브라운 등이다.

어울리는 색은 부드럽고 차가운 느낌을 주는 핑크계열의 튀지 않는 파스텔색, 부드러운 하늘색 등이 어울린다.

그림 6
여름 타입

| 가을 타입autumn type | 가을 타입은 황색빛 위주의 가라앉고 차분한 느낌을 주며 따뜻하고 부드러우며 성숙된 이미지로 세련되고 깊이감이 있다. 또한 풍요로운 이미지로 고저스하고 클래식한 이미지의 침착한 사람으로 옐로 베이스에 속한다.

피부색은 황색빛의 차분한 피부 톤으로 오렌지, 갈색 등이며 헤어 색은 다크 브라운, 붉은 광택의 블랙이다. 눈동자 색은 갈색, 다크 브라운, 검은색 등이다.

어울리는 색은 옐로계의 색조가 기본으로 차분하고 깊이 있는 색이 어울린다. 차가운 색상과 선명한 색상은 피하는 것이 좋다.

그림 7
가을 타입

| 겨울 타입winter type | 겨울 타입은 푸른빛을 지닌 색으로 선명하고 강하면서 가라앉은 느낌을 주는 색이 주를 이루고 대비가 강하다. 맑고 강렬한 이미지로 도시적이고 개성적이며 드라마틱한 사람으로 블루 베이스에 속한다.

피부색은 희고 푸른빛을 지니고 있어 차갑고 창백해 보이는 피부이다. 블루 베이지, 다크 로즈 베이지, 엷은 핑크의 흰색 등이다. 헤어 색은 검은색, 실버 그레이이다. 눈동자색은 다크 브라운, 블랙, 블랙 브라운 등이다.

어울리는 색은 차가운 색상으로 하얀색과 푸른색을 기본으로 대비가 강한 색과 블랙과 화이트가 잘 어울린다.

그림 8
겨울 타입

PRACTICE 02

각 퍼스널 타입에 맞게 베이스 · 섀도 · 립 · 헤어 컬러를 선정하여 색지를 붙이고 색연필 혹은 메이크업 도구를 사용하여 메이크업을 해보시오.

❶ 봄 타입

베이스 컬러				섀도 컬러		

립 컬러				헤어 컬러		

각 퍼스널 타입에 맞게 베이스 · 섀도 · 립 · 헤어 컬러를 선정하여 색지를 붙이고 색연필 혹은 메이크업 도구를 사용하여 메이크업을 해보시오.

2 여름 타입

베이스 컬러

섀도 컬러

립 컬러

헤어 컬러

각 퍼스널 타입에 맞게 베이스 · 섀도 · 립 · 헤어 컬러를 선정하여 색지를 붙이고 색연필 혹은 메이크업 도구를 사용하여 메이크업을 해보시오.

3 가을 타입

베이스 컬러

섀도 컬러

립 컬러

헤어 컬러

각 퍼스널 타입에 맞게 베이스 · 섀도 · 립 · 헤어 컬러를 선정하여 색지를 붙이고 색연필 혹은 메이크업 도구를 사용하여 메이크업을 해보시오.

❹ 겨울 타입

베이스 컬러 섀도 컬러

립 컬러 헤어 컬러

CHAPTER 05

COLOR
COMMUNICATION

색채 커뮤니케이션

색채 계획 / 색채 활용

CHAPTER 05

색채 커뮤니케이션

색채 계획

색채 계획을 할 때 전체적인 색의 느낌은 배색에 의해 결정되며, 배색 시 고려하는 요소가 색상, 명도, 채도의 속성뿐만 아니라 위치나 면적에 따라서 배색 이미지가 달라진다.

첫째, 대비 배색, 유사 배색, 무채색과 유채색의 배색 등의 색과 색의 배색과 톤의 변화를 주는 배색이다. 이때 기본 원칙은 색상의 수를 최대한 적게 사용하고, 색을 한색과 난색, 밝은색과 어두운색 등으로 그룹화시켜 주며, 색의 시각적 효과를 활용하고, 전체의 주제와 배경과의 대비를 고려한 공통성을 갖도록 계획한다. 둘째, 색의 면적이 차지하는 비율에 따라 색 자극의 차이로 인해 전체적인 분위기가 달라진다. 이때 사용한 색의 비율에 따라 주조색, 보조색, 강조색으로 구분한다. 주조색은 전체의 기본적인 이미지를 형성하며 전체 면적의 약 70%를 차지한다. 또한 보조색은 주조색을 보조하여 배색의 성격을 나타내며, 전체 면적의 약 20~30%를 차지한다. 또한 강조색은 전체의 이미지가 유지되는 범위 내에서 변화와 강조를 나타내기 위해 사용하며 전체 면적의 약 5~10%를 차지하는 것이 효과적이다.

그림 1

색 비율▸ 면적 비율의 효과▾

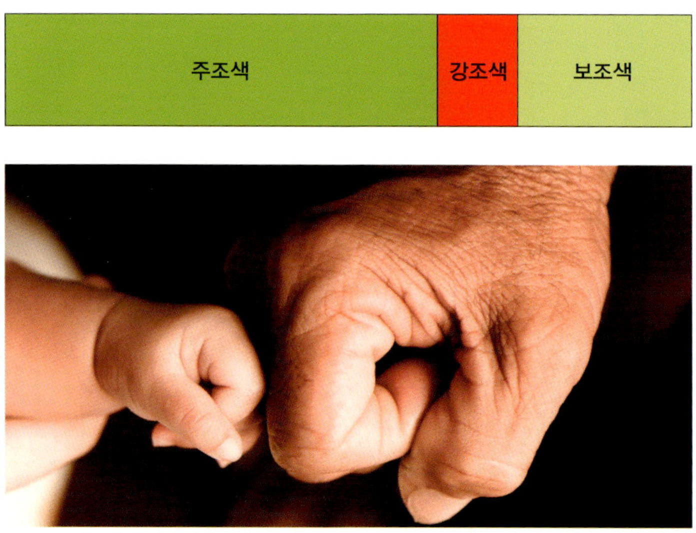

색채 **활용**

색채에 대한 기본적인 지식과 배색기법에 대하여 습득하였으므로 다음으로는 색채에 대한 감각을 키우기 위해 색채를 관찰하고 분석해 보는 작업을 훈련하는 것이 효과적이라고 할 수 있다. 그러므로 주변 환경에서 관찰할 수 있는 색채를 통해 새롭고 독창적인 배색을 발견하여, 색채에 대한 경험을 풍부하게 함으로써 창의적인 배색과 디자인을 구현해 나갈 수 있을 것이다.

자연의 색채

흔히 우리 주변의 자연에서 볼 수 있는 땅, 바다, 하늘, 나무, 꽃, 흙 등에서 느낄 수 있는 것은 어색하지 않고, 편안함을 준다. 건강에 대한 관심이 커져가는 현대인에게 자연 친화적인 색채와 디자인은 인기가 증가하는 추세이므로 자연의 색채를 관찰하고 분석하여 재발견해내는 색채 감각을 키울 필요가 있다.

그림 2
자연의 색채

인공의 색채

인공의 색채를 건물, 조형물, 가로등, 신호등, 자동차 등에서 쉽게 찾아볼 수 있으며, 인공물의 색채가 아름답게 느껴지는 것도 있지만, 그렇지 못한 것들도 쉽게 눈에 띈다. 선진국에서는 주변의 자연 경관과 지역의 특색을 고려하여 인공물을 건축하도록 주변 환경과의 배색에 신경을 쓰고 있다. 인공물 건립 시, 합목적성을 추구할 뿐만 아니라 주변 환경과의 친화성을 고려하여 색채 계획을 수립하는 것이 중요하므로 감각적인 색채 활용이 필요할 것이다.

그림 3
인공의 색채

회화의 색채

유명한 화가의 그림 속에 표현된 색채를 통해 색채 활용 및 배색을 관찰하여 화가의 감각적인 색채를 배울 수 있다. 풍경화, 사물화, 인물화 등의 작품에서 화가의 성향에 따라 드러나는 색채의 특성마다 독특한 배색기법을 발견할 수 있을 것이다.

그림 4
회화의 색채

샤갈의 산책(Walk by Marc Chagall)

고흐의 해바라기(Sunflowers by Vincent van Gogh)

PRACTICE 01

색채계획을 주조색, 보조색, 강조색의 비율을 적용하여 주어진 디자인에 채색하시오.

1 주조색, 보조색, 강조색의 비율을 계획하시오. (색지 붙이기)

2 주조색, 보조색, 강조색을 디자인에 적용할 의도를 설명하시오.

3 디자인에 채색하시오.

PRACTICE 02

자연과 관련된 사진을 선택하여 붙이고 색을 추출하여 추출된 색으로 주어진 도안을 배색 및 디자인하시오.

디자인 적용(헤어 컬러링)

PRACTICE 03

인공물의 사진을 선택하여 붙이고 색을 추출하여 추출된 색으로 주어진 도안을 배색 및 디자인하시오.

디자인 적용(판타지 메이크업)

PRACTICE 04

화가의 사진을 선택하여 붙이고 색을 추출하여 추출된 색으로 주어진 도안을 배색 및 디자인하시오.

디자인 적용(네일아트)

CHAPTER

06

COLOR
PSYCHOLOGY

색의 심리

색과 성격 / 색과 형태 / 색과 국기

CHAPTER 06

색의 심리

색과 성격

색에 대하여 연구한 많은 학자들이 색이 사람에게 육체적·정신적·정서적 등 다양한 영역으로 영향을 미친다고 하였으며, 이런 색의 효과에 대해서는 이미 이해되어 왔다. 심리학자 막스 러셔Max Luscher는 색의 선호로 개인의 성격 및 심리상태를 알 수 있을 뿐만 아니라, 현재 자신의 육체적·정신적 상태를 파악할 수 있는 단서를 제공한다고 하였다. 색을 통해 파악해 볼 수 있는 사람의 성격과 심리적 상태를 살펴보자.

빨간색

긍정적으로 작용할 때는 에너지의 활력과 개척, 새로운 시작과 동기부여, 자극 등으로 나타나며, 외향적이고 적극적이며 호기심이 왕성한 성격의 소유자이다. 열정적·호전적인 정열, 혁신, 승리, 용기, 충성 등의 사고를 가지며 책임감이 강하다.

빨간색을 선호하는 사람은 자존심이 강하여 주로 지도자의 역할을 담당하며, 다양한 아이디어와 감성을 자극한다. 감정기복이 심하고 화를 잘 내는 반면 기분 전환도 빨라서, 속내를 그대로 알 수 있는, 다루기 쉬운 사람일 수 있다. 또한 활기차고 외향적인 성

그림 1
빨간색

그림 2
주황색

격으로 사람들의 시선과 관심을 끌어당기는 매력이 있다. 빨간색의 긍정적 에너지가 신체에는 의지력과 활동성을 주며, 우울증, 슬픔에 빠져 있을 때 이를 개선시켜 주는 작용을 한다. 부정적으로는 점잖지 못하고, 조잡하며, 세련됨이 부족하고, 감정적, 완고, 거침, 위험, 분노 등의 포악함, 무자비함, 원망과 혐오감으로 표출된다. 또한 애정에 대한 갈망, 적개심을 갖게 되며, 냉정하게 상황을 파악하는 능력이 부족하다. 빨간색으로 명상을 하게 되면, 긍정적인 에너지를 갖도록 하는 '힘strenght'을 취할 수 있다.

주황색

긍정적으로 작용할 때는 사랑과 관련된 따뜻한 색이며, 사람의 기분을 밝고 경쾌하게 만드는 능력이 있으며, 기쁨, 건강, 창조력, 자신감, 낙천성, 생명력 등으로 나타난다.

주황색을 선호하는 사람은 삶에 대해 개방적, 사교적, 행복감을 주는 등 긍정적인 이미지를 갖고 있으며, 추진력, 균형감 및 융통성이 있어 타인과 즐겁게 소통할 수 있는 능력의 소유자이다. 또한 열정적이며, 지도자적인 빨간색의 특징과 노란색의 따뜻한 특징을 함께 소유하여, 친절, 미소, 재치, 창조력 등의 장점을 통해 단호하며, 웃음이 많고, 대화와 유머를 자극하는 특성을 갖게 된다. 그래서 친해지기 쉬운 반면 빨간색보다 열정적이지 않아 깊은 애정을 쌓기보다는 얕은 대인관계를 원하기도 한다. 부정적인 면으로는 거만함과 고압적인 태도, 과시하려는 성향, 화려함, 기쁨의 상실, 우울증, 슬픔 등으로 표출되며, 활력을 잃고 좌절과 파괴성으로 이어질 수 있다. 주황색의 명상을 통해 긍정적인 에너지인 '생명력vitality'을 취할 수 있다.

노란색

긍정적으로 작용할 때는 태양을 닮은 색으로 희망, 화사함, 상쾌함, 찬란함 등의 느낌으로 영감을 자극하며, 명랑하고 쾌활한 이미지로서 모든 것이 잘될 거라는 자신감을 준다.

노란색을 선호하는 사람은 유머감각이 있고 창의력과 사고가 풍부하며, 편견이 없고, 도량이 넓은 성격의 소유자로서, 이성과 논리의 흐름, 지적인 식별력, 판단력과 결단력이 돋보인다. 그래서 지적이고 학구적인 사람들이 즐겨 사용하는 색으로, 권위 있고 통제하

그림 3
노란색

는 지위에 있고 싶어 하는 사람들이 좋아하는 색이다. 모험을 좋아하며, 어려운 과제에 도전하는 것을 두려워하지 않고, 밝고 천진난만한 성격으로 집단 속에서 중심에 있고 싶어 하는 성향을 가지고 있다. 반면에 자유를 중시하여 자기중심적으로 마음대로 행동하게 되며, 히스테리를 부리는 사람으로 보이게 되는 경향도 있다. 부정적으로는 속임수, 기만, 음흉함, 지배욕, 계산적인 행동, 악의, 복수심, 아첨, 감언이설 등의 정신이 산만해지고, 인내심 부족, 정신적인 좌절, 심각한 비관주의로 표출될 수 있다. 노란색으로 명상을 하면 긍정적인 에너지인 '투명함clarity'을 취할 수 있다.

초록색

중용의 색으로 긍정적으로 작용할 때는 마음을 평온하게 하며, 함께 나눔, 적응력, 베풂, 관용, 협력, 안전과 보호 등의 정서로서 신체적으로 감정을 진정시키고, 스트레스 해소, 몸과 마음의 안정, 집중력 향상, 침착함, 차분함, 조화로운 분위기 등을 조성하는 데 도움을 받는다.

초록색을 선호하는 사람은 올바른 판단력과 양심을 고양시키고, 이해력을 유도하기도 하며, 튀고 싶어 하지 않고, 옳은 행동과 단정한 품행에 집착하는 성향을 보인다. 또한, 자연과 자연이 발산하는 안정감을 즐긴다. 초록색이 적극적인 빨간색과 소극적인 파란색의 중간색인 관계로 외향성과 내향성의 양면적인 성향으로 드러나며, 사교적이고 수다스러운 반면 온화하고 조심스러운 성격을 갖게 된다. 부정적으로는 비참함, 무관심, 냉

그림 4
초록색

그림 5
청록색

담함, 불안정, 판단력 부족, 지나친 조심성, 의심, 조숙함, 질투, 시샘, 이기주의와 편견 등의 침체와 퇴보로 나타난다. 초록색으로 명상을 하면 긍정적인 에너지인 '재생renewal'을 취할 수 있다.

청록색

긍정적으로 작용할 때는 압도하거나 침입하지 않는 지속적인 활력을 지닌 색으로, 기민함, 주의 깊음 등으로 나타난다.

청록색을 선호하는 사람은 명확하게 표현할 수 있는 자각을 가지고 있으며, 행복을 발산하는 너그러운 자질, 생각과 느낌이 명료하여 대화를 분명하게 이어나갈 수 있는 능력의 소유자이다. 젊음과 화사함을 지닌 사람으로 보이고 싶어 하고, 자유롭고 유익하며, 승리를 의미하는 등 쉽게 접근할 수 있는 신선한 성질을 부추기는 특성이 있다. 부정적으로는 인생의 혼란, 무능력, 부진한 진도, 고립, 분리, 공허감 등이 나타나고, 타인으로 하여금 관심을 표시하도록 자극하는 미성숙의 색이다. 특히, 정신적 · 영적 · 정서적 수준에서 명확함이 부족한 것으로 인식된다.

파란색

긍정적으로 작용할 때는 고요함, 믿음, 젊음, 자연, 헌신, 근면성, 성실성, 아름다움, 재치, 신뢰 등을 주는 색이다. 빨간색의 정반대의 성질을 지니고 있어 차가운 느낌을 주며, 내

그림 6
파란색

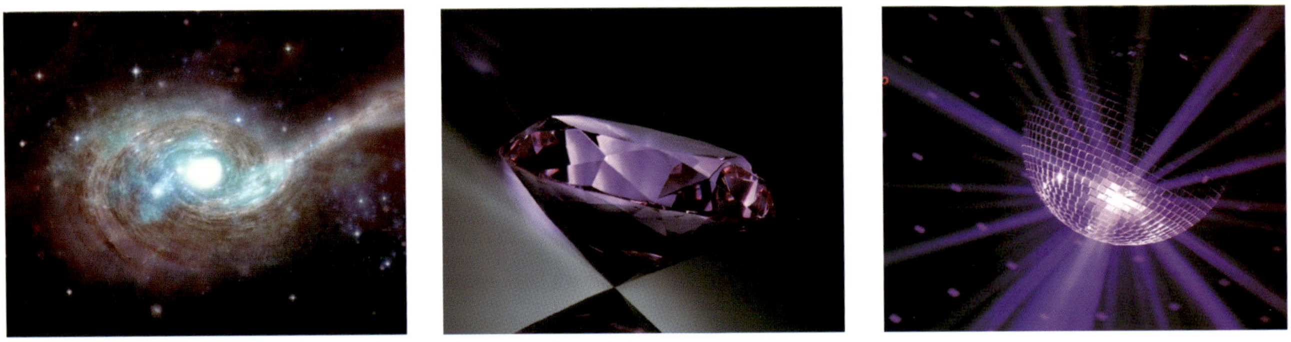

그림 7
보라색

성적이고 논리적인 성향을 갖는다. 긴장이완, 평온함을 촉진하며, 우연하면서 조용한 힘을 지닌다. 또한, 영적인 믿음과 질서를 추구함으로써 정신적인 치료의 느낌을 받는다.

파란색을 선호하는 사람은 고상한 삶의 질에 관심이 많고, 자신만의 시간을 통해 내면의 모습을 찾으려는 욕구가 강하며, 남에게 위협을 가하지 않고, 충성과 정직을 소중한 가치로 여긴다. 부정적으로 작용하면, 의심, 불신, 요령 부족, 독선적, 완고함, 비현실성, 공상, 감상적인 자기만족, 피곤, 게으름, 나태함 등으로 표출되며, 더 나아가서는 우울증으로, 결국에는 무기력증으로 이어지게 된다. 파란색 명상을 통해 긍정적인 에너지인 '이완relaxtion'을 취할 수 있다.

보라색

긍정적으로 작용할 때는 품위, 고상함, 자존심, 우아함, 신비롭고 환상적인 이미지를 지니며, 왕실과 사제들이 주로 사용한 색이기에 부귀, 호화로움, 권력을 상징하기도 한다. 비전과 직관의 정신 에너지와 결부되어 있어 운명을 엮어나갈 수 있는 힘이 있으며, 예술적 기교, 끈기, 신중한 생각, 현실적인 이상주의를 나타낸다.

보라색을 선호하는 사람은 천부적인 직관력과 감성을 갖고 있어 예술에 흥미가 많고 타인과 어울리기보다는 혼자 할 수 있는 일에 집중하는 경우가 많다. 정신적으로 힘들 때 보라색을 활용하면, 정신질환을 진정시켜 주고, 강박관념과 두려움을 해소하는 데 도움을 받을 수 있다. 또한 감수성이 풍부해져서 창조적인 에너지를 얻게 되기도 한다. 부정적으로는 건망증과 인내력 부족, 우울과 허영, 경솔함, 무례함, 언쟁, 다그치는 태도로 나타나기도 하며, 비현실적인 이상주의, 고립, 붕괴, 자만심, 오만함 등의 느낌을 불러일으킨다. 보라색 명상을 통해 긍정적인 에너지인 '이상harmony'을 취할 수 있다.

자주색

긍정적으로 작용할 때는 헌신, 노력, 존중, 감사의 특성을 가진 색으로, 소망을 현실적인 것으로 변화시키는 능력이 있다. 또한, 운영 능력, 연민의 감정, 온화함, 따뜻함, 보호본능, 보살핌, 무조건적인 사랑, 헌신적인 사랑을 나타낸다.

그림 8
자주색

자주색을 선호하는 사람은 부드럽고 온화하며, 상냥한 느낌이 전달되고, 애정, 사랑, 연민의 감정을 불러일으킨다. 빨간색을 포함하고 있어 미묘한 성적인 메시지를 발산하여 관능적인 면을 표현하고 싶은 욕구를 반영한다. 부정적으로는 우월감, 속물근성, 거만함, 지배욕, 독점욕, 지나친 열광, 자신에 대한 사랑의 부족, 개인적 욕구에 대한 소홀함 등으로 나타나며, 궁극적으로는 세상을 등지고 고립으로 향하는 경향으로 드러난다. 그리고 내재된 지식과 힘을 잘못 사용하면 지나친 자만심으로 표출된다.

분홍색

긍정적으로 작용할 때는 다정함, 온화함, 보호본능, 편안함, 안정, 행복을 의미하며, 연민, 애정, 사랑의 감정을 뜻한다.

분홍색을 선호하는 사람은 여성스럽고 섬세하며, 다정다감한 성격의 소유자이며, 온화하고 세심한 성향을 보인다. 반면, 어리광을 부리며, 타인으로부터 보호받기를 바라는 욕구가 강한 타입이다. 부정적으로는 독점욕, 거만함, 지나친 자존심을 내세우며, 남보다 열등하다고 생각하여 나서기를 거부하고 고립하는 성향으로 나타난다.

회색

검은색과 하얀색의 혼합된 색으로 미분화, 안개, 스모그, 소나기구름의 색이다. 회색의 날과 회색도시는 불분명함과 무감각, 침체된 것을 나타내며, 변화를 바라지 않는 생동감

그림 9
분홍색

그림 10
회색

을 거부하는 색이라 할 수 있다. 긍정적으로 작용할 때는 조용함의 상징이며, 평온과 평화를 추구하고, 조심스럽고 부딪치기보다는 타협을 선택한다.

회색을 선호하는 사람은 성실하며 현실적이고, 개성을 억누르면서까지 조직과 시스템을 준수하는 경향이 있어 보좌역할에 적합한 사람이다.

하얀색

완전한 균형을 이룬 색으로, 긍정적으로 작용할 때는 빛과 밝음을 의미하고, 신의 존재와 깨달음, 비춤, 부활의 의미를 지닌다. 깨끗하고 자연스러우며, 출발, 순수, 청결 등의 의미로 작용하는 반면 희생, 포기, 항복을 나타낸다. 비일상적인 상태, 감정을 억제하고 있는 상태를 표현하기도 하며, 모든 일의 시작을 의미하기도 하면서 동시에 끝을 의미하기도 한다.

하얀색을 선호하는 사람은 성실하고 순진한 타입의 사람이며, 이상주의적인 면이 있고, 지나치면 결벽증으로 이어지는 경향도 있다. 하얀색은 어떠한 색과도 조화가 잘 되어 활기차고 건강한 이미지를 준다. 항상 완전함을 추구하기에 이상을 가지고 노력하는 성격인 반면 자만심이 강하고 고독해 하면서도 가정적인 면도 있다. 이렇듯 하얀색은 극과 극의 성향을 나타낸다. 부정적으로는 차가움, 엄격함, 경직성, 절망, 외로움, 불행, 고행, 금욕 등을 상징하며, 심하면 불가능한 이상, 결벽주의 등으로, 정신의학상 주의가 필요하게 된다.

그림 11
하얀색

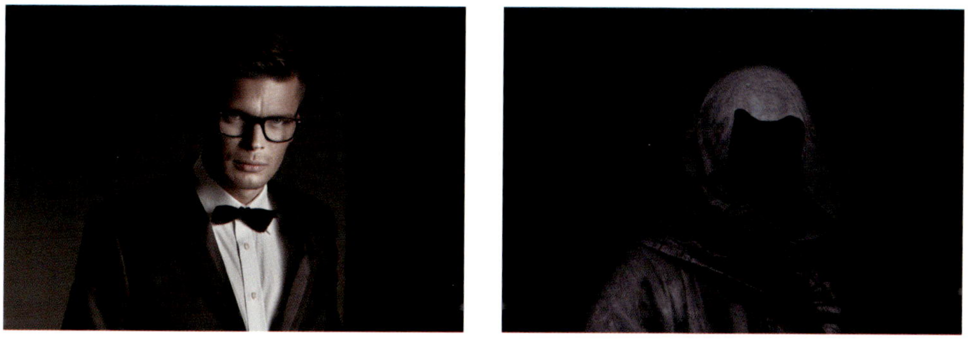

그림 12
검은색

검은색

긍정적으로 작용할 때는 예의 바르고, 의리가 있으며 의지가 강하고 독립심이 강한 의미로 작용한다.

검은색을 선호하는 사람은 세련되어 보이고 싶어 하는 욕구가 강하며, 그럼에도 불구하고 내면의 모습 및 기분을 감추려고 하는 경향이 있다. 자신을 강하게 보이려는 반면 상처받는 것을 두려워하여 자신의 기분을 억누르는 겁쟁이 면도 있다. 타인에게 위엄 있고 권위 있게 보이길 바라서, 통솔하는 능력은 있지만 감정적으로 솔직한 면의 결여로 인해 편협한 사고방식을 갖고 있는 성향이다. 부정적인 면이 강하게 작용하는 색으로 악마, 어둠, 초상, 장례, 금욕적 생활, 무의식의 상태, 무와 공허 등을 의미하며, 하얀색과 대조적으로 각인되어 오염되고 더러운 것으로 인식된다. 무정부주의, 허무주의, 감정적인 두려움, 공포, 고독, 음울한 생각 등 어둡고 침통한 분위기를 대표한다.

색과 **형태**

각각의 형태는 나름대로의 특징과 각기 다른 에너지 패턴을 지니고 있다. 형태에 대한 인식은 좌뇌에서 인식하고, 색에 대한 인식은 우뇌에서 결정하게 된다. 그러므로 색과 형태를 통해 좌·우뇌의 균형과 상호작용을 인식할 수 있어 서로 관련지어 설명할 수 있다. 즉, 형태는 색에 영향을 미치며, 서로 상호작용의 관계를 가진다고 볼 수 있을 것이다. 칸딘스키Kandinsky는 '모든 형태는 내적인 내용을 가지며 내적인 내용의 표현이다'라고 하였다. 이러한 관점에서 형태가 지니는 각각의 특성과 상징성을 하워드 선Howard Sun과 도로시 선Dorothy Sun의 저서를 인용하고자 한다.

빨간색 : 네모형

빨간색에 어울리는 형태는 네모이다. 네모의 직선은 안정과 견고함, 육체적 강건함을 내포한다. 빨간색은 색 스펙트럼에서 가장 응집된 색이고, 네모는 신체적 힘과 근본을 설명하는 데 가장 적합한 형태이다. 네모에는 경직성과 긴장감, 끝까지 고수하는 자질이 잘 드러난다. 이것이 빨간색에 수반되는 특징이기도 하다.

주황색 : 다이아몬드형

주황색은 다이아몬드 형태가 어울린다. 빨간색과 같은 직선으로 되어 있으며, 옆면이 틀어진 것을 제외하면 원칙적으로 비슷한 모양이다. 주황색은 빨간색과 노란색의 요소를 함께 지니고 있다. 하지만 다이아몬드의 선들이 빗면으로 이루어져 있기 때문에 빨간색보다 더 융통성이 있어 보인다. 빨간색의 신체적인 안정감을 지니면서 노란색의 경쾌함까지 겸비하는 유연성을 확보하고 있다. 이것이 주황색의 특징이다.

노란색 : 삼각형

노란색의 형태는 똑바르게 선 삼각형이다. 밑에 곧게 뻗어 있는 선은 단단한 기반을 의미하고, 꼭짓점에서 만나는 두 개의 빗면들은 위쪽으로 관심을 뻗어내고 있다. 마치 태양을 숭배하는 것처럼, 지식과 지혜를 터득하고 싶어 하는 것처럼 말이다. 노란색이 지닌 특색과 마찬가지로 삼각형 형태가 활기차고 고무적인 모양을 이룬다.

초록색 : 동그라미형

초록색의 형태는 동그라미이다. 균형과 조화, 보호의 성격을 지니는 초록색처럼, 날카로운 모서리 없이 부드럽고 둥글둥글한 형태이다. 초록색과 동그라미는 안전과 자유를 상징한다. 다른 사람에게 부담을 주지도 않는다. 어느 쪽으로 돌리든지 똑같은 모양이라서 지속적이고 영원 중립을 보여 준다.

청록색 : 역삼각형

청록색은 거꾸로 된 삼각형 모양이다. 위에서부터 아래로 에너지를 집중시키는 형태이다. 위쪽에 놓인 직선은 정신적인 영역이 견실하다는 뜻이며, 아래를 향한 두 개의 빗면들은 그 보완적인 에너지인 빨간색 쪽으로 기반을 찾으려 노력한다. 다양한 영역으로 움직이려다 보면 자연히 많은 변화를 겪게 되기 마련이다. 이것이 청록색의 기본 특징이다.

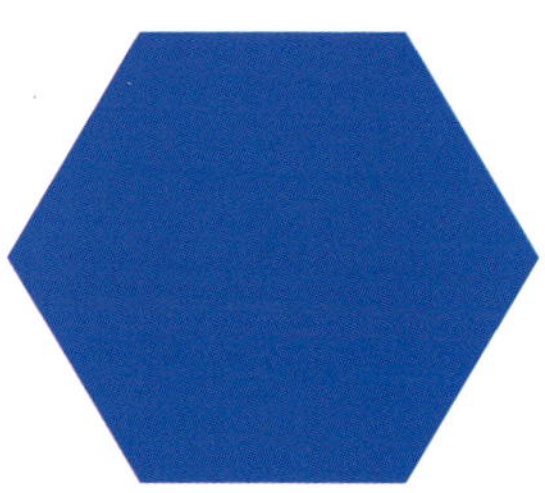

파란색 : 육각형

파란색의 형태는 육각형이다. 여섯 개의 선이 있고, 그중 넷은 비스듬하게 두 개의 꼭짓점을 형성한다. 위쪽의 꼭짓점은 영적인 지혜와 통찰력을 열망한다는 뜻이며, 그 반대쪽 꼭짓점은 파란색의 보색 주황색이 지닌 육체적 에너지로 향해 있다. 양쪽에 기둥처럼 수직으로 세워져 있는 두 개의 직선들은 똑바름, 영적인 힘과 진실을 나타낸다. 육각형의 형태에는 점진적인 확장과 깊이와 평온함의 특징들이 있다. 영적인 영역이나 육체적 영역으로 에너지를 집중시킬 수 있는 잠재력도 지닌다.

보라색 : 역오각형

보라색 형태는 거꾸로 된 오각형이다. 다섯 개의 선을 지니고 있으며, 그중에서 유일하게 하나의 선이 수평적으로 위쪽에 자리 잡고 있다. 이것은 영적 · 정신적 영역이 견고하고 강하다는 의미이다. 아래쪽 꼭짓점을 형성하는 두 개의 선은 육체적 차원으로 향하는 움직임으로, 현실성과 안정성, 고정성을 바라는 욕망이 나타나 있다. 이 거꾸로 된 오각형 모양은 보라색의 특징과 마찬가지로 영적인 이해를 실제적 · 육체적으로 결합시키고 싶어 하며, 현실성을 띠고 싶어 한다.

자주색 : 오각형

자주색에 어울리는 형태는 똑바로 된 오각형이다. 보라색과 똑같은 모양이지만 방향이 뒤집어져 있다. 위쪽에는 우주의 영적인 차원에 부합하고 싶어 하는 욕망을 반영하는 꼭짓점이 있다. 아래에 똑바로 그려진 선은 안정적이고 현실적일 수 있음을 표현한다. 이 선의 양쪽에 이어진 두 개의 빗면들은 위로 펼칠 수 있는 능력을 나타낸다. 자주색은 영성을 추구하면서도 현실적이라는 특징이 있다. 이 특징이 오각형의 모양과 잘 어울린다. 이 형태는 통일성, 단일성, 우주적인 조화를 상징한다.

색과 **국기**

각 나라의 국기는 그 나라의 권위와 존엄을 상징하는 것으로서, 국가별로 국기에 고유의 색과 심벌마크 등으로 특색 있게 차별화시켜 그 상징성을 표현한다.

국기는 중세 기사들이 사용한 문장과 기장, 즉 십자기 등에서 기원을 찾을 수 있으며, 하나의 깃발이 진정한 의미로서 국가를 상징하게 된 것은 프랑스 혁명 때 사용된 3색기 이후이다.

국기에 사용되는 색은 각 나라마다 지역과 환경에 따라 민족 고유의 전통색의 상징성이 다르므로, 같은 색으로 표현되었어도 그 의미가 다르게 전달될 수 있다. 그래서 통상적으로 국기에 사용되는 의미로 색을 설명하고자 한다. 빨간색은 애국자의 희생적인 피, 정열, 혁명, 박애, 무용 등이며, 파란색은 강, 바다, 물, 하늘, 희망, 자유 등을 상징하고, 노란색은 황금, 국가의 부, 태양, 사막, 번영 등으로 표현한다. 초록색은 농업, 삼림, 국토와 자연의 아름다움, 번영, 희망, 이슬람교 등을 상징하며, 검은색은 흑인, 역사의 암흑시대, 고난, 의지 등의 의미로 사용된다. 또한 하얀색은 자유, 평화, 진리, 순결을 상징하며, 우리나라의 태극기에서도 순결, 평화를 상징하는 민족성과 관련하여 표현되고 있다. 배색을 기준으로, 영국의 해군성1955에서 발행한 '세계의 국기Flags of All Nation'에서 국기를 7종류로 분류하고 있다. 분류된 유형을 살펴보면, 횡2색기橫二色旗는 2가지 색이 가로로 배색되었으며, 인도네시아, 모나코, 폴란드 등의 국기가 대표적이고, 필리핀은 이의 변형이다. 횡3색기橫三色旗는 3가지 색을 가로로 배색한 것이며, 이란, 인도, 오스트리아, 독일, 에티오피아, 수단, 시에라리온, 파라과이, 헝가리, 러시아 등의 국기로, 이를 변형시킨 5가지 배색국기는 타이, 코스타리카, 이스라엘 등이다. 종2색기縱二色旗는 2가지 색을 세로로 배색한 것으로, 파키스탄, 포르투칼, 알제리 등의 국기이며, 종3색기縱三色旗는 3가지 색을 세로로 배색한 것으로, 프랑스, 벨기에, 이탈리아, 멕시코, 페루, 루마니아, 아프리카 등의 국기이다. 캔턴Canton은 기폭상부의 한쪽 측면에 도안을 한 것으로, 예를 들면 성조기에 별이 그려져 있는 미국 국기를 비롯해 타이완, 오스트레일리아, 뉴질랜드, 미얀마, 말레이시아, 라이베리아 등의 국기이다. 십자기十字旗는 그리스도교의 십자가를 뜻하는 십자

그림 13
색과 국기

형을 기본으로 한 것으로서 스칸디나비아반도의 여러 나라를 비롯하여 덴마크, 그리스, 도미니카공화국, 파나마 등의 국기이며, 자메이카는 이의 변형된 국기이다. 기타에서는 태극기를 비롯하여 일본, 터키, 라오스, 모나코, 사우디아라비아, 브라질, 알바니아, 튀니지 등의 국기와 같이 단색의 바탕에 특정 문양, 지장 등의 도안을 사용한 국기 등이 있다. 이상과 같이 국기를 배색을 기준으로 하여 7가지 종류로 분류할 수 있다.

PRACTICE 01

CRR(Color Reflection Reading) 분석법으로 성격을 분석한다. 간단한 테스트를 통해서 개인의 성향을 분석하여 긍정적인 방향으로 전환시키는 데 활용할 수 있다.

❶ 좋아하는 색 3가지를 고르시오. (순간 마음에 드는 색을 빠르게 선택)

❷ 선택한 3가지 색을 1순위, 2순위, 3순위로 배열하시오.

❸ 성격 분석 : 선택한 3가지 색을 통해 다음 페이지에 설명되어 있는 내용을 참고하여 정리해 보시오.

CRR 분석법

스위스 로잔 대학의 심리학 교수였던 막스 러셔에 의해 개발된 색채심리검사법 도구를 하워드 선과 도로시 선에 의해 재정립된 CRR(Color Reflection Reading) 분석법을 사용하고자 한다.

|| 선택한 색 위치의 의미

*** 첫 번째 색**

개인적인 본질을 나타내며 본인이 진짜로 어떤 사람인지 말해 주는 부분이다. 기본 성격과 상황에 따라 반응하며 진실한 자아의 표현이다. 현재 본인이 중점적으로 표현하고 있는 색일 수도 있다.

*** 두 번째 색**

현재를 이야기하며 지금 처해 있는 현재의 상황과 관련되어 있다. 본인이 해결해야 할 문제를 나타내 주기도 하며 지금 즉시 수용해야 할 색이기도 하다.

*** 세 번째 색**

앞으로의 목표를 의미하며 내면적인 소망과 비전, 꿈이 반영되어 있다. 새롭고 신선한 미래를 만들기 위하여 본인에게 어떤 행동들이 필요한지 알려준다.

|| 선택한 3가지 색에 대한 설명

*** 빨간색이 첫 번째 위치에 있을 때**

당신의 기본 천성은 남을 따르는 것보다 앞에서 이끄는 쪽이다. 주로 남보다 먼저 개척하고, 먼저 의견을 제시하며, 먼저 창조한다. 사교적인 성격이며 지도력이 있다. 경쟁심이 상당히 강하고 정열적인 에너지를 발산한다. 당신은 저돌적인 추진력과 계속 뻗어나가려는 성향이 있다. 목표 달성, 성공, 이런 말들을 자주 밖으로 표시하곤 한다. 전적으로 목표에 초점을 맞추어 행동하며, 과정에 대해서는 그다지 관심을 쏟지 않는다. 꼼꼼한 계획이나 전략에 의지한다기보다, 육체적인 힘과 결단력을 더 많이 믿는 편이다. 당신은 적극적이며 강렬하고 정열적인 사람이다. 육체적·감정적 에너지가 끊임없이 솟구친다. 하지만 논리와 감정의 조화를 이루기 위해 노력할 필요가 있겠다. 그래야 당신이 궁극적으로 바라는 인생의 평형상태에 도달할 수 있을 것이다.

*** 빨간색이 두 번째 위치에 있을 때**

당신은 좀 더 자신을 자극하고 분발시켜야 하며 힘을 길러야 한다. 특히, 신체적인 힘을 길러야겠다. 하지만 빨강의 원래 특징이 적극적이고 줄기차게 앞으로 전진하는 것이기 때문에, 힘의 고갈상태를 피하는 것도 또 하나의 과제가 될 것이다. 몸이 지치지 않도록 조심하라. 맹렬한 에너지를 조절하는 것도 중요하다. 당신에게 필요한 또 하나의 중요한 미덕은 인내심이다. 지배적인 성향, 공격성, 대결 본능, 강한 성적 자극에 너무 매달리지 않도록 주의하고,

대신에 사랑, 애정, 우정의 느낌을 표현하기 위해 노력해야 한다.

* 빨간색이 세 번째 위치에 있을 때

당신은 현실에 주의를 집중할 필요가 있다. 두 발을 단단히 땅에 붙이고 현실적으로 행동하라. 지금은 공상에 빠지거나 행동을 미룰 때가 아니다. 언제 나타날지 모르는 기회를 움켜잡아야 할 때이다. 당신은 내심 무언가 새로운 일을 만들어서 그것을 확실하게 밖으로 표시하고 싶어 한다. 이사를 하거나, 새로운 사업을 시작하거나, 체육관에 다니는 것 등이 그 예가 될 것이다. 당신은 일어서서 달려 나갈 준비가 되어 있다. 그런데 빨강을 세 번째로 선택한 것이, 당신이 몹시 지치고 고갈되어 있음을 가리키는 것일 수 있다. 그러므로 지금의 당신을 진정시키고 가라앉혀서 재충전하는 시간을 가져야 한다. 푸른 하늘, 진한 파랑이나 청록색의 바다에 대한 생각이 이상적인 영양제가 될 수 있다.

* 주황색이 첫 번째 위치에 있을 때

당신은 경쾌하고 낙천적이며 원기가 넘쳐흐른다. 활기차고 즐겁고 민감하고 행복한 기질을 갖추고 있다. 당신은 인생을 최대한 즐기려고 하며 어디에든 기꺼이 참여하고 어디를 가든 명랑함과 용기를 발휘한다. 솔직한 대화를 두려워하지 않고 사람들과 이야기하기를 즐기며 사교적이고 외향적이다. 당신은 주위 사람들을 즐겁게 해주며, 그들의 영혼을 드높여주기도 한다. 하지만 성급하게 행동할 때가 많고 극단적으로 흐르는 경향도 있다. 지나치게 활동적인 당신이 성격을 오랫동안 억누를 수 없기 때문이다. 이런 경향이 당신을 육체적으로 피곤하고 지치게 만들기도 한다. 때로는 감정적인 폭발까지 이르게 할 수도 있다. 당신은 균형 있게 일의 우선 순위를 정해야 한다. 전체적인 상황을 요모조모 따져보고 평가하려고 노력하라. 간혹 올바른 일을 하고 있다는 것을 드러내려고 너무 열심히 노력하는 면도 있으니, 당신의 기본적인 본성을 믿을 필요가 있다.

* 주황색이 두 번째 위치에 있을 때

당신은 내면적 자아를 좀 더 의식해야겠다. 당신의 내적인 자아가 균형을 추구하고 있으므로 몸과 마음 모두 평온함을 찾기 위해 노력해야 한다. 이 색은 노랑과 빨강 사이에 있기 때문에, 대단히 활동적인 신체적 특징(빨강)과 꼬치꼬치 파고 들어가는 노랑의 특징을 둘 다 가지고 있다. 그러한 자질이 결합되어, 다른 사람에게 고압적이고 강압적인 태도를 보이게 되는 경우가 잦다. 당신은 좀 더 느긋하고 편안한 태도를 터득해야 한다. 당신 자신을 위해 시간을 내라. 당신의 일부가 이런 시간을 원하고 있으며, 그 시간이 당신에게 영양분을 제공해 줄 것이다. 조용하고 차분하게 시간을 보내야 자신을 통합적으로 이끌어 나갈 수 있다.

* 주황색이 세 번째 위치에 있을 때

당신은 파괴적인 방식을 지양하고, 더욱더 건설적으로 행동할 필요가 있다. 순간적 충동으로 행동하려는 경향이 있기 때문에, 생각에 별로 시간을 쏟지 않는다. 그래서 당신의 지금 행동이 옳은지 그른지를 자주 의심하게 된다. 당신에게 필요한 것은 좀 더 깊은 생각과 신중함이다. 그래야 당신의 에너지를 현명하고 효율적으로 사용할 수 있을 것이다. 당신이 내적으로 움츠러들어 있어서 세 번째 위치에 주황을 선택했을 수도 있다. 지금 당신에게 적절한 행동은 좀 더 용감하고 자신 있게 앞으로 발을 내딛는 것, 그리고 인생을 즐기는 것이다. 기꺼이 위험을 감수하고 평소의 행동 양식을 뛰어넘겠다는 의지를 찾아야 한다.

* 노란색이 첫 번째 위치에 있을 때

당신은 오감과 같은 인간의 의식적인 능력을 깨닫고 있다. 이성, 논리, 평가에 초점을 맞추어 인생을 바라본다. 당신은 지적인 측면에서 쉽게 상황을 파악할 수 있으며, 쉼 없이 분석하고 계산할 수 있다. 남을 지배하거나 남보다 우월해지려는 경향이 강하고, 자신의 뜻대로 되지 않을 때에는 심술을 부리거나 심지어 악의적인 행동까지 보일 수 있다. 당신은 말솜씨가 뛰어난 편이다. 관심 있는 분야에 대해서 유창한 표현력을 자랑한다. 말이나 숫자가 관련된 일에 주로 참여하고, 책임감과 권위가 있는 직위에 있을 가능성이 높다. 부서장이나 자영업자, 과학자 혹은 연구원일 수도 있다. 특히, 당신이 관심의 대상이 될 때 사람들과 함께 모이는 자리를 좋아한다.

* 노란색이 두 번째 위치에 있을 때

당신은 정신적인 능력뿐만 아니라 육체적인 자아까지 생각해야 한다. 현실적이고 실제적인 인생을 무시한 채 환상이나 꿈, 상상력의 세계에 빠지는 경우가 자주 생기므로, 이러한 개념적인 세계에서 빠져나와야 한다. 당신의 명석한 아이디어가 시대보다 너무 앞서 있을 수도 있다. 그러니 현 시대에 어울릴 수 있는 방법을 찾아서 당신의 에너지를 표현하는 것이 중요한 과제이다. 하지만 이것이 그리 쉽지는 않을 것이다. 당신은 인내심이 부족한 편인 데다가 에너지를 한번에 여러 곳으로 발산시키려 하기 때문이다. 그런 경우, 욕구불만과 불만족상태에 빠질 수도 있다.

* 노란색이 세 번째 위치에 있을 때

당신은 정신을 확장하고 개방하기 위한 특별 훈련이 필요하다. 당신이 적당하다고 느끼는 훈련을 선택하되, 일단 선택을 했으면 긍정적이고 현실적으로 행동해야 한다. 또한 그 작업이 중요성을 지닐 수 있도록 훈련과정과 비용, 기간, 장소 등을 상세하고 철저하게 생각해야 한다. 이 단계를 밟는다면, 햇살과 빛을 받아들이는 것처럼 당신의 인생에 낙천성과 행복을 끌어들일 수 있을 것이다. 당신에게 필요한 것은 휴식일 수도 있다. 태양빛을 듬뿍 받을 수 있는 휴식. 한편으로 당신은 자신의 지식과 지적인 이해력을 유익하게 사용하고자 하는 욕구를 지니고 있다. 당신이 만나게 되는 사람들을 가르치거나 그들에게 무언가를 전달하고 싶어 한다. 타고난 직감과 잠재력, 지혜를 잘 활용한다면 당신의 노력은 점점 빛을 발하게 될 것이다.

* 초록색이 첫 번째 위치에 있을 때

당신은 지배적이지도 복종적이지도 않고, 외향적이지도 내향적이지도 않다. 양쪽의 균형을 추구하여 어떤 종류의 극단으로도 흐르지 않는다. 항상 행동하기 전에 심사숙고하기 때문에 자발적으로 나서는 면이 부족하기도 하다. 당신은 일터에서 매우 능률적이고 성실한 사람이며, 집에서는 깔끔하고 단정하다. 자연의 아름다움에 언제나 탄복하는 편이며, 공원이나 해변처럼 탁 트인 공간을 좋아한다. 집에서나 직장에서나 식물과 꽃들을 주위에 놓아두고 싶어 하며, 나무, 흙, 돌 등 천연 소재로 만들어진 것에 매력을 느낀다. 당신의 분위기는 조화, 부드러움, 온화함과 진지함을 발산하다. 하지만 주변 상황이나 사람들에게 지나치게 조심스러운 경향이 있으며, 스스로 만들어 놓은 장벽을 쉽게 부수지 못한다. 당신에게는 인생에 대한 태도를 규칙적으로 재평가하고 변화의 필요성을 생각해보는 것이 중요하다.

* 초록색이 두 번째 위치에 있을 때

당신은 감정적인 상처를 달래주어야 할 필요가 있다. 이런 상처들은 당신에게 깊은 불안감을 일으켜 궁극적으로 환멸, 씁쓸함, 시기심과 질투심을 남길 수 있다. 이 감정들을 안으로 삭이려고 이런저런 합리화를 추구하다가 인생은 불공평하다는 생각에 휩쓸려버릴 수도 있다. 겉으로 무난하고 바람직한 행동을 내보이더라도, 그런 행동들이 충족되지 못한 욕구에서 비롯되는 경우가 많다. 당신은 인생을 살아가면서 자주 위협당하는 느낌을 받게 되고 자신의 연약함을 절감하곤 한다. 그래서 무언가가 혹은 누군가가 보호해 주기를 바란다. 자신의 생각과 마음을 남에게 쉽게, 특히 제한된 상황과 그 속에 갇혀버린 듯한 느낌을 혐오스러워 한다. 지금 당신에게는 움츠러들고 망설여질 때마다 좀 더 감정을 표현하려는 노력이 절실하다.

* 초록색이 세 번째 위치에 있을 때

당신은 편안한 느낌을 주는 사람들과 좀 더 어울리면서 새로운 우정을 쌓거나 의미 있는 관계를 만들어야 한다. 이런 과정을 통해 당신이 남에게 베풀 수 있는 유익과 가치를 알게 되고, 지금의 상실감과 외로움에서 차츰 벗어날 수 있다. 인생을 너무 진지하게 받아들이는 대신 즐거움을 찾게 되면서, 초록의 전형적인 특징인 죄의식, 원망, 무기력증은 점점 줄어들 것이다. 새로운 시각으로 바라보는 계기를 마련할 수도 있다. 당신에게는 정신을 바짝 차리는 기민함이 필요하다. 상황이 당신의 판단을 거치지 않고 무작정 흘러가지 않도록 조심하라.

* 청록색이 첫 번째 위치에 있을 때

당신은 기본적으로 불꽃 튀는 젊음을 지니고 있다. 상황에 따라서 신선한 아이디어와 상상력을 드러내기도 한다. 겉으로 보기에 거의 언제나 침착하고 차분한 모습이며 까다로운 사건들도 수월하게 처리해낸다. 장애물이 생겼을 때 두려움 없이 냉철하게 대처할 수도 있다. 당신의 결단은 빠르고 행동은 확실하다. 그래서 인기 있는 인물인 경우가 많고, 다른 사람들에게 당신의 목적과 방향 의식을 반영시킬 수 있다. 뛰어난 통찰력과 능력을 지닌 당신은 그

재능을 영적인 길로 더 정진하는 데 사용하고자 한다. 대화를 잘 이끌어 나가며 자신을 편안하게 표현할 줄도 안다. 하지만 영적인 면에 치중하는 경향이 있기 때문에, 당신의 비현실성을 극복하고 아이디어를 현실성 있게 만들어야 할 것이다.

* 청록색이 두 번째 위치에 있을 때
당신은 사람들과 조금 거리를 두어야 할 필요가 있다. 다른 사람들이 당신의 신선한 에너지에 이끌려 이런저런 요구로 당신의 공간을 침범하려 할 가능성이 많으므로, 건강한 정체성을 유지할 수 있는 방법을 찾아야 한다. 타인에게서 벗어나 내적으로 침잠하는 시간을 만들어야 한다. 다양한 종류의 극단과 지나친 탐닉에 빠져 있었던 경우라면, 몸과 마음, 그리고 감정을 깨끗이 정화하고 활력을 되찾는 과정이 필요할 수도 있다 이것이 당신에게 가장 중요한 과제이다. 당신은 매우 예민한 감수성의 소유자이기 때문에, 내적인 침잠 시간이자 정화 과정을 소홀히 할 경우에 내적으로나 외적으로 붕괴되어 질병을 얻을 수 있다.

* 청록색이 세 번째 위치에 있을 때
당신은 인생에서 닥치는 상황들을 모두 도전으로 간주한다. 새로운 변화로 자주 삶이 복잡해지고 어지러워지기도 하지만, 당연히 변화가 있어야 하는 거라고 생각한다. 당신은 변화를 위해 감당해야 하는 행동이 개인적인 변화를 만들어준다는 점에서 오히려 변화를 환영한다. 이 과정에서 혼란과 두려움, 근심과 불편함이 동반되기도 하지만, 이것 또한 개인적인 성장과 개발을 위해 필요한 부분이다. 시련과 장애물을 훌쩍훌쩍 뛰어넘다 보면, 활력과 강인함이 보상으로 따르기 마련이다. 당신은 '한번 해보자'라는 도전 정신을 지니고 있다. 그 움직임과 청록색의 에너지가 당신을 새로운 경지로 끌어올려 줄 것이다.

* 파란색이 첫 번째 위치에 있을 때
당신은 천성적으로 부드럽고 온화하며 평화롭다. 소란스럽지도 않고 쉽게 흥분하는 유형도 아니다. 당신은 다른 사람들에게 소극적이고 내향적인 사람으로 비쳐진다. 존재의 의미나 영적인 자아에 대한 생각으로 많은 시간을 보내는 경향이 있고, 정신적인 면을 중요시하기 때문에 진실함과 솔직함 같은 자질들을 귀하게 생각한다. 당신 자신도 진솔하고 믿음직하며 충실하다. 사람들은 당신과 같이 있을 때 편안함을 느낀다. 당신은 아무런 위협감도 주지 않은 채 고요하고 안정된 에너지를 발산하기 때문이다. 하지만 당신은 너무 자신에게 몰입하는 성향이 있다. 그래서 혼자 고립되는 경우가 많고, 매일 매일 벌어지는 상황에 적응하지 못하는 이유로 자신감을 상실하기도 한다. 당신은 인생에서 질서를 찾고자 하며, 지속성과 안전성을 좋아한다.

* 파란색이 두 번째 위치에 있을 때
당신에게는 침묵과 지식이 강점이다. 다른 사람들은 당신의 정신적인 면에서나 육체적인 면에서 고요를 본다. 이 평화로운 외면은 따뜻한 색의 스펙트럼에 치우쳐 있는 사람들에게 부

러운 면이다. 하지만 당신은 내면적으로 너무 강력한 그 침묵을 깨뜨려야 할 필요가 있다. 밖으로 자신을 좀 더 많이 표현해야 한다. 그렇지 않으면 깊은 우울증과 의기소침에 빠져들게 되고, 무기력증과 허탈감 때문에 힘들어질 수 있다. 당신은 뒤로 물러나 숨어 있지 말고 앞으로 나아가야 한다. 말하는 습관과 자기 표현력을 길러야 한다. 그래야 균형 있는 인간으로 발전할 수 있을 것이다.

* 파란색이 세 번째 위치에 있을 때

영적인 생각과 명상, 이런 것들이 당신에게는 매우 자연스러운 것이겠지만 세속적이고 현실적인 부분도 중요하게 여길 줄 아는 태도가 필요하다. 당신은 삶의 순리에 신뢰를 보내야 한다. 평범해 보이는 매일의 현실에 참여해서 일상적인 문제들을 처리해 나가야 한다. 그렇게 해야만 당신이 추구하는 진정한 아름다움과 자유와 영성을 찾게 될 것이다. 당신에게 가장 중요한 단어는 융통성이다. 이 '커다랗고 추악한 세상'에 집어삼켜질 거라는 두려움 없이 삶에 참여하고 반응할 줄 알아야 한다. 당신이 느긋하고 평화로운 시간 속에서 충만함을 찾을 수 있다 해도, 영원한 도피의 도구가 아니라 임시방편으로 그것을 사용해야 할 것이다.

* 보라색이 첫 번째 위치에 있을 때

당신은 기본적으로 영적인 의식과 인식을 지니고 있다. 물질적으로 설명할 수 없는 신비로움과 정신력의 세계에 관심이 많다. 하지만 파랑을 선택했던 사람들보다 현실에 더 잘 적응한다. 보라색 자체가 빨강과 파랑의 결합으로 이루어졌기 때문이다. 그래서 너무 지나치지 않게 당신의 영적인 면을 활용할 수 있다. 당신은 다른 사람들에게 가치 있는 봉사를 하고자 하며, 진정한 위엄과 고상함을 갖추고 있다. 스스로를 심미적 · 예술적으로 표현하는 능력이 뛰어나기 때문에 예술 계통이나 종교 계통, 부와 사치가 결합된 활동을 직업으로 삼을 가능성이 많다. 하지만 한 가지 약점은, 자신이 설정한 비전을 달성할 수 없을 것 같다는 자신감 부족에 시달리곤 한다는 점이다.

* 보라색이 두 번째 위치에 있을 때

당신은 여러 가지를 통합하여 짜 맞추는 능력이 있다. 타고난 리더로서 높은 직위에 앉아 있을 가능성도 많다. 하지만 다른 사람들이 어렵게 여기는 일들을 척척 해내면서도, 스스로는 자긍심이 부족하여 정서 불안에 시달린다. 당신은 주위 사람들에게 솔직한 피드백을 받아들여야 한다. 잘한 일이 있을 때에는 잘했다고 인정받을 수 있어야 한다. 이 피드백이 돌아오지 않으면 자신만의 고독한 공간으로 숨어들게 될지 모른다. 인생에서 책임져야 할 일을 거부하고(부정적인 빨강) 현실 도피의 과정으로 후퇴하게(주정적인 파랑) 되는 것이다. 그것을 다른 사람들은 성숙하지 못하다거나 이기적이라고 생각할 것이다. 당신은 아무리 어려운 상황이 닥치더라도 반드시 끝내야 할 일이 있다는 사실을 깨달아야 한다. 성실하고 적극적으로 끈기를 발휘해야만 성숙해질 수 있다.

* 보라색이 세 번째 위치에 있을 때
당신은 타고난 창의성을 발휘하고 싶어 하며 그 자질을 다른 사람들에게 나눠주고 싶어 한다. 당신에게는 특별한 치료의 능력이 있으니, 그 신념과 직감, 지혜의 능력을 갈고 닦아야 한다. 여기서 치료라는 표현은, 질병을 치료한다는 뜻이 아니라 좀 더 포괄적이고 일반적인 범주의 치료를 의미한다. 영적인 능력을 개발해야 실질적으로 사용할 수 있다는 점을 명심하라.

* 자주색이 첫 번째 위치에 있을 때
당신은 친절하고 온화하며 사려 깊은 사람이다. 타인에게 애정과 따뜻함, 사랑과 연민을 보낼 줄 안다. 인생을 깊이 있게 이해하는 성숙함을 지녔으며, 주위 사람들이 잠재력을 발휘할 수 있도록 격려하고 이끌어 주려고 노력한다. 당신은 다른 사람들과 협력하는 능력이 뛰어나고 상냥함과 순수함을 지니고 있다. 그래서 카운슬러나 간호사, 혹은 사회사업가와 같이 타인을 보살펴 주는 분야에서 일하는 경우가 많다. 무조건적인 사랑과 애정을 발산하기 때문에 '세상의 소금' 같은 존재로 묘사되기도 한다.

* 자주색이 두 번째 위치에 있을 때
당신은 인생에서 주고받는 것 사이의 균형을 찾을 필요가 있다. 다른 사람에게 지원과 협조를 아끼지 않고 지속적으로 그들을 격려하며 최선을 발휘하도록 이끌어 주지만, 당신 자신이 가진 욕구에 대해서는 소홀한 편이다. 그래서 자주 손해를 보기도 한다. 당신은 주는 것만큼 받는 것도 가치 있다는 점을 배워야 한다. 또 의무감이나 죄책감 때문에 애써 보답해 줄 필요가 없다는 점도 알아야 한다. 자신의 욕구를 채워주는 식으로 자신에 대한 사랑과 애정을 표현해야 한다. 다른 사람을 돕는 것만큼 자신을 사랑하는 것도 매우 중요하다. 당신 자신에게 양분을 제공하라. '예'가 더 쉬운 것 같을 때 '아니오'라고 말할 수 있는 용기도 개발하라.

* 자주색이 세 번째 위치에 있을 때
당신은 빨강이 가진 육체적인 추진력과 보라색이 가진 영적인 면들을 혼합할 수 있다. 색채 스펙트럼의 첫 번째와 일곱 번째 색이 결합되어, 인생의 기본적인 힘과 하늘의 힘이 아름답게 버무려진다. 이 결합에는 인류에 지대한 유익을 가져다 줄 수 있는 잠재력이 있다. 물질세계에서 우리가 열망할 수 있는 가장 고귀한 색이며, 우주적인 통일성을 창조해 낼 수 있는 가장 순수한 색의 조합이다. 당신은 이 목표를 향해 부단히 노력하는 중이거나 어느 정도의 수준까지 도달한 상태일 것이다. 원시적인 자아에 사로잡히거나 남보다 자신이 더 우월하다는 상상에 휩쓸리지 않는 것이 당신의 도전 과제이다. 자칫 잘못하면 거만하고 지배적인 천성이 드러나게 된다. 당신은 자신의 내면에 있는 좀 더 여성적이고 부드러운 부분들을 밖으로 내보내야 한다. 그렇지 않으면 독점욕과 타인을 조종하고 다스리려는 성향이 생겨서, 결국 다른 사람들에게서 멀리 떨어진 고독한 존재가 될 수도 있다.

CHAPTER

07

COLOR

HISTORY

색의 역사

색과 문화 / 서양의 색채사 / 한국의 색채사

CHAPTER 07

색의 역사

색과 문화

색과 지역 및 기후

나라마다 자연환경, 기후, 지역 등에 따른 고유색의 특징이 있다. 지역색은 특정 지역의 습도, 하늘과 자연광, 산이나 바다, 흙 등에 자연스럽게 어울리는 색을 말한다. 또한 이는 지역이나 도시의 특성을 부각시키는 중요한 역할을 하면서 지역의 정체성을 대변하기도 한다. 풍토색은 자연과 인간의 생활이 어울려 형성된 특유한 토지의 성질로, 인간에게 영향을 미쳐 경작되고 변화하는 자연을 의미한다.

기후색은 자연환경과 기후적 특성에 따라 나타나는 색으로 일조량이 풍부하고 따뜻한 지역의 사람들은 선명하며 화사한 색채와 고채도의 난색계통을 선호하고, 태양광선의 강도가 높은 곳에서는 인간의 빨간색 시각을 높인다. 이와 반대로 일조량이 부족하고 추운 지역에 사는 사람들은 파란색과 초록색 시각이 높으며 한색계통을 선호한다. 우리나라를 비롯해 사계절이 뚜렷한 나라는 자연환경적인 색채가 정신 및 생활문화 패턴에까지 영향을 미친다.

라틴계의 이탈리아, 스페인, 라틴 아메리카 등 열대기후에 속한 사람들은 난색계통의

그림 1
지역색

그림 2
기후색

라틴계

북유럽계

빨강, 주황, 노랑 등을 선호한다. 북유럽계, 스칸디나비아, 아이슬란드인 등은 한색계통을 좋아하는데, 연보라, 스카이블루, 에메랄드그린 등의 파스텔 계열을 좋아하고, 태양광선의 결핍 때문에 초록색 시각이 발달되어 있다.

색과 나라

국가와 문화가 다르면 나라마다 선호하는 색과 상징색이 다르다. 중국, 인도, 태국, 필리핀 등의 아시아 국가들은 주로 붉은색을 선호하고, 불교 문화권에서는 대지와 평화의 색으로 황색을 선호한다. 중국은 행운, 행복의 의미로 빨간색을 선호하며, 왕조마다 특징적

그림 3
색과 나라

중국

인도

아프리카

인 색이 있다. 예를 들어, 송나라는 갈색, 명나라는 초록색, 청나라는 노란색이다. 특히, 황제의 의복색은 하늘을 숭배할 때는 파랑, 땅을 숭배할 때는 노랑을 주로 사용하였다. 인도는 생명, 영광의 의미로 빨간색을 선호한다. 이슬람 문화권에 있는 서남아시아를 비롯한 회교 국가들은 주로 하얀색의 의상을 입고 초록색을 선호하며, 아프리카는 열정적이고 강렬한 순색계를 좋아하는 반면 붉은색은 반항과 전쟁을 의미하고 파란색과 초록색은 안전과 평화를 상징한다. 북유럽 국가들은 한색계통을 선호하고, 남유럽 국가들은 난색계통을 선호한다.

서양의 **색채사**

인간이 처음 색채를 사용한 흔적은 약 20만 년 전 빙하시대에 인간의 뼈에 칠한 색과 유적들에서 원시인이 사용한 색을 살펴볼 수 있다. 또한 기원전 2만 년경 구석기시대의 동굴벽화들, 즉 프랑스의 라스코Lascoux, 스페인의 알타미라Altamira 및 남아프리카의 부시만Bushman의 동굴벽화에서 들소, 사슴, 멧돼지 등의 사냥 장면과 생활상의 적갈색이나 황토색, 흑색 등의 다양한 색으로 사실적 또는 추상적인 형태로 묘사되어 있다.

고대의 색

이집트의 문화는 메소포타미아의 벽면부조에서 받은 영향으로 기원전 3000~4000년경부터 기원전 1300년까지 크게 번영하였다. 이 시기에 피라미드와 석조 대신전이 건립되었고 거대한 벽화 등이 제작되었는데, 특히 미라가 들어 있는 관의 색채장식은 당시의 생활풍습을 엿볼 수 있다. 그들은 금색과 적색, 녹색, 황색, 청색, 흑색, 백색, 갈색의 8가지 색을 기본으로 하여 여러 가지 중간색을 사용하였고 금색은 태양을, 녹색은 자연을, 청색은 하늘을 상징하였다. 공예에 있어서도 유색 도자기와 칠보, 귀금속 등의 색채는 화려하면서도 다양한 색을 사용하고 있으며, 독특한 화장술에서도 색채 활용이 돋보인다. 기원전 3000년경부터 1100년까지의 크레타문화는 벽화를 중심으로 문화와 예술을 추측할 수 있다. 그리스시대의 색채는 도자기, 건축 등을 통해 알 수 있으며 또한 철학자의 고서를 통해서도 찾아볼 수 있다. 그리스 철학자 제논Ho Elea Zenon은 '색채는 물질의 최초 현상형식이다'라고 하였고, 플라톤Platon은 '백색에 의한 눈의 개방, 흑색에 의한 눈의 수축'을 주장하였으며, 아리스토텔레스Aristoteles는 불과 물, 흙과 공기가 색채의 근원이 된다는 이론을 전개하였다. 그리스의 건축에 일부 남아 있는 부분에서 당시의 색채 활용상태를 볼 수 있다. 도리아Doria식에는 파란색과 빨간색을, 코린트Corinthian식에는 금색을, 이오니아Ionic식에서는 파란색, 빨간색과 금색을 사용하여 장식하였다. 로마시대에는 복식의 색으로 계급을 구분하였고, 직업별로도 의복의 색에 관한 법률을 공포하였다. 자색은 귀한 색으로 사용되었으며 농부는 녹색, 회색, 갈색을 주로 입었다.

그림 4

고대의 색

그림 5
중세의 색

중세의 색

중세시대는 신앙과 교리란 틀 안에 있으면서, 신의 지배와 교회의 권위 아래서 작품을 제작하고 종교적 권위의 규범과 제약 아래에서만 미술이 성립되었다. 기독교 박해시대인 기원 초기에 지하무덤인 카다콤cata comb 속에서 시작된 기독교 미술은 동로마의 수도인 이스탄불에서 발생한 비잔틴byzantine문화에서 다채로운 모자이크 기하문양이 성행하였으며, 돔 장식의 건축물과 창은 색 유리로 끼우고 바닥은 색 대리석으로 모자이크 장식한 것에서 색에 대한 감각을 엿볼 수 있다. 로마시대 미술의 부활인 로마네스크 양식은 프레스코 장식의 벽화로 전개되었고, 중세시대의 절정기를 이룬 고딕미술에서는 복잡하고 강렬해진 색채와 스테인드 글라스 장식이 발달하였다.

르네상스의 색

15~16세기 유럽 전역에서 일어난 혁신적인 미술운동인 르네상스 운동은 미술양식에 큰 변화를 가져왔으며, 회화의 혁신은 물론 유채안료의 발전과 원근법, 명암법에 대한 이론이 확립하게 된 계기가 되었다. 이 시대에 레오나르도 다 빈치Leonardo da Vinci는 자연과학과 기술방면에 걸쳐 큰 업적을 남겼는데, '회화론'에는 주로 배색이론을 주장하였으며, 특히 보색조화설은 상당히 주목되는 이론이다. 당시 미술에 있어서 색채의 미가 중요하게 된 것은 베니스를 중심으로 한 베네치아파 화가들의 영향으로 프레스코화나 템페라 회화와는 달리 유화기법의 다채로운 작품이 많이 나타났다. 그러나 색채에 관한 뚜렷한 이론이 성립되지 못한 상태에서 17세기에 접어들면서 중세의 학자들은 당시 유행하던 연금술에 근거를 둔 열과 냉각관계에 의하여 색채가 성립한다는 이론을 세웠으며, 연금술의 발달로 많은 그림물감이 개발, 발명되었다. 르네상스는 안료와 물감의 발달로 색채는 더욱 풍부해지고 원근법과 빛이 발견되면서 회화에 사실감과 입체감이 부여되었고,

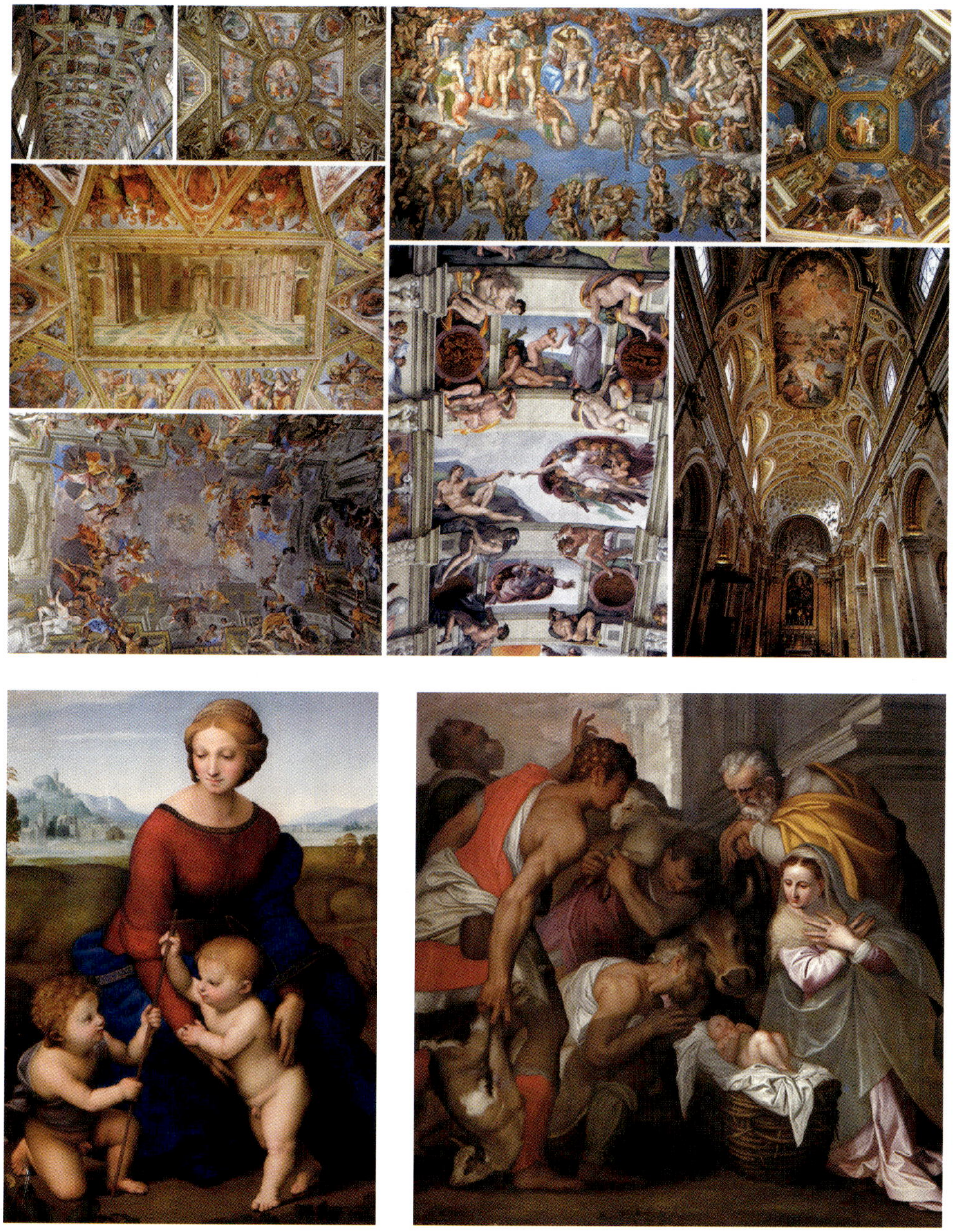

그림 6
르네상스의 색

차분한 색조가 나타났다. 주로 노랑기의 빨간색, 갈색, 보라색, 청록색, 금색 등의 깊이 있고 풍부한 색채가 사용되었다.

근대의 색

근대에서는 활용된 색과 표현 양식이 중요한 것이 아니라, 색채학에서는 색의 다양한 발견과 학문적인 연구의 깊이가 이루어진 시기라고 할 수 있으며, 물리학자, 과학자, 심리학자 등이 색에 대한 많은 관심과 연구가 이루어지면서 색채학이 등장하게 된다. 색채에 대해 보다 과학적인 이론을 전개한 뉴턴Isaac Newton은 빛은 입자의 흐름이며 그 입자가 눈에 들어가면 색 감각이 발생한다는 입자설을 주장하고, 빛이 삼각형의 프리즘을 통하여 생기는 스펙트럼에 대한 역사적인 학설을 전개하였다. 그는 1704년에 색채학에 있어 중요 자료가 된 '광학'을 저술하였으며, 빛의 직진, 굴절, 반사 등을 설명하였다. 한편, 뉴턴에 대하여 반대이론을 전개한 괴테Johann Wolfgang Goethe는 1810년《색채적 고안》,《뉴턴의 광학이론을 반박함》,《색채학사를 위한 자료》라는 책에서 '빛은 자연 그대로 보아야 하며, 뉴턴의 프리즘 광선처럼 결코 좁은 틈에서 새어난 빛을 도입해서는 안 된다.'라고 주장하고, 색채는 물리학적인 것뿐만 아니라 심리, 생리적인 인간의 내면성을 무시할 수 없으며, 예술적 색채는 과학적으로 해결할 수 없다고 주장하였다. 토마스 영Thomas Young은 뉴턴의 광학 이론을 정리하여 사람의 눈에는 가지각색의 시신경이 있을 것 같지 않다는 가정에서 색광의 스펙트럼을 통하여 볼 때 빨간색에서 주황색 부분까지를 빨간색, 노란색에서 초록색까지 부분을 초록색, 파란색에서 자주색까지의 부분을 파란색으로 분류하여 '우리의 눈에는 빨간색과 초록색, 파란색의 세 가지 신경이 존재하지 않을까'라고 하는 가설을 세웠다. 토마스 영은 위겐스Christian Huygens의 파동설을 토대로 명암이 생긴다는 것을 증명한, '빛의 간섭' 이론을 발견하였다. 헬름홀츠H. V. Helmholtz는《시각의 회화》에서 19세기 중엽에 토머스 영이 주장한 3종의 시신경을 전제로 하여 '그 신경들은 주로 감지하는 색광 외에 다른 색광도 약간씩 감지해 나가면서 이것이 뇌로 보내지면 이러한 감각들이 정돈되어 사물의 색채를 형성한다'라고 설명한 영과 헬름홀츠의 3원색설을 발표하였다. 또한 이 시기에 헤링E. Hering의 반대색설 연구와 감각의 강함과 자극의 강함의 대수적인 관계를 이론화한 페크너G. T. Fechner의 연구와 세브리엘M.E.Chevreul은 색채의 대비현상을 연구하여 색채 조화론을 발전시키는 등, 색의 학문적인 발전에 지대한 영향을 끼친 시기라고 할 수 있다. 그 외에도 '먼셀의 표색계'의 먼셀과 '오스트발트의 표색계'의 오스트발트는 색채학에 있어서 중요한 업적을 남겼으며, 미국의 색채학자인 피버 비렌F. Birren과 체스킨L. Cheskin은 색채 활용의 실용적인 면을 연구하여 새로운 색채의 세계를 발견하였다.

한국의 **색채사**

한국은 고대로부터 음양오행에 근거한 색채문화가 전개되었는데, 우리나라 전통색채는 음양오행을 나타내는 상징적 표현으로 사용되었을 뿐만 아니라 우리나라의 생활과 문화전반에 그 아름다운 전통색채가 나타났다. 우리나라의 벽화, 그림, 건축 등을 비롯한 의식주 문화를 살펴보면 우리나라의 세련된 색채문화가 그 뿌리를 이루고 있음을 알 수 있다.

고구려B.C 37~A.D 668시대의 색채는 남아 있는 분묘와 벽화에 나타난 여러 가지 의상과 건축의 단청미술을 통해 색채 역사를 살펴볼 수 있다. 고분벽화 중인접객도와 삼림도, 수렵도, 가무도, 선인, 사신 등의 벽화와 그림들에서 빨간색, 노란색, 갈색 등의 따뜻

그림 7
한국의 색

한 난색계열의 색채가 많이 사용되었으며, 빨간색과 초록색 보색대비의 색상이 밝고 채도가 높은, 밝고 선명한 색들의 사용이 높다. 백제BC 18~AD 660시대는 충남 공주에 남아 있는 벽면이 아치형으로 된 벽화전축분 분묘에 있는, 진흙에 호분으로 그린 사신과 토기, 금관, 귀걸이 등에서 이 시대의 색채를 볼 수 있다. 또한 이 시대의 고구려의 담징이 백제를 거쳐 일본으로 건너가 그린 백제관음상과 사불정토의 일부에서 빨강과 검정, 파랑, 노랑, 초록 등의 채도가 높은 색을 사용하였음을 알 수 있다. 신라195~935시대에는 채색칠기들과 장신구를 통해 노랑, 주황, 초록, 하양의 당초 연화문 등이 다채롭게 그려졌다. 신라 초기에는 유색녹골호국보 125호와 도제 기마인물상국보 91호에 녹색 계통의 자연유가 나타나며, 인공유인 황갈색을 사용하였고, 사군기병대는 군복을 청색, 검은색 등을 사용하였다. 고려918~1392시대는 불교의 부흥과 귀족들의 사치로 인해 발달한 미술, 자기, 벽화 등을 통해 색채를 볼 수 있다. 고려청자의 비색은 그 색채가 아주 뛰어났으며 고려청자의 푸른빛은 자연을 닮아 친근하고 서정적인 문양과 부드러운 형태를 아우르는 아름다운 색이다. 또한 부석사와 보살상, 수덕사 대웅전의 야화도 등에서 진한 초록색을 바탕으로 하여 홍紅 · 녹錄 · 백白 · 금金색 등으로 채색된 것을 볼 수 있다. 조선시대1392~1920 초기에는 외족의 침입, 정치적 환경 등의 영향으로 미술이 발달하지 못하였으며, 유채나 장식이 단순하고 소박한 것이 주류를 이루고, 뚜렷한 색채적인 특징은 많이 찾아볼 수 없다. 그러나 후기에는 건축의 색채가 화려하고 다양해졌으며 공예, 칠기 등 생활용품에 많은 색채가 사용되었다.

우리 선조들은 현세의 강령과 내세의 기원을 위하고, 권위와 위엄을 내세우기 위해 궁궐, 사찰 등 건축물에 오방색(청 · 적 · 백 · 흑 · 황색)을 써서 치장하였을 뿐만 아니라 생활용품 전반에 오방색과 오간색을 많이 사용하였다.

PRACTICE 01

지역 및 나라를 선택하여, 그것의 특징적인 색을 바탕으로 배색하시오.

1 이미지 사진을 붙이시오.

2 이미지 사진에서 색을 추출하시오.

3 디자인에 적용하시오.

Reference

참/고/문/헌

김덕태 외 2인(2012). 색채학. 일진사.

김주경 외 3인(2010). 컬러스토리. 교문사.

김진한(2008). 색채의 원리. 시공사.

문은배(2012). 한국의 전통책. 안그라픽스.

송서현 외 2인(2013). 뷰티색채학.

스에나가 타미오 저, 박필아 역(2006). 색채심리. 예경.

우석진(2009). 컬러리스트. 영진정보연구소, 영진닷컴.

이은광(2010). 색채심리치료사과정 교육자료. 한국미술심리협회.

존게이지 저, 박수진 · 한재연 역(2011). 색채의 역사. 사회평론.

피버 비렌 저, 김화중 역(2003). 색채심리. 도국출판사.

하워드 선 · 도로시 선 저, 나선숙 역(2006). 내 삶에 색을 입히자. 예경.

한국색채연구소(2009). 컬러리스트 기사 산업기사. 지구문화사.

한국색채연구소(2006). 색채Ⅰ, Ⅱ. 칼라뱅크연구소.

한국색채학회(2002). 이제는 색이다. 도서출판국제.

Index
찾/아/보/기

저/자/소/개

김애경 KIM AE KYUNG

부산대학교 대학원 의류학과(이학박사)
현재 동명대학교 뷰티케어학과 교수
한국미술심리협회 색채치료전문가 교수위원
저서 패션과 이미지메이킹

제기연 JE GI YEOUN

부산대학교 대학원 의류학과(이학박사)
부산대학교 의류학과 외래교수
부산경상대학교 패션 뷰티계열 외래교수
현재 한국미술심리협회 색채치료전문가 교수위원

BEAUTY COLOR
미 용 색 채 학

2013년 10월 14일 초판 인쇄 | 2013년 10월 21일 초판 발행

지은이 김애경·제기연
펴낸이 류제동 | 펴낸곳 (주)교 문 사

전무이사 양계성 | **편집부장** 모은영 | **책임편집** 강선혜
디자인 이혜진 | **본문편집** 이연순
제작 김선형 | **홍보** 김미선 | **영업** 이진석·정용섭·송기윤
출력 현대미디어 | **인쇄** 삼신문화사 | **제본** 과성제책

주소 413-756 경기도 파주시 교하읍 문발리 출판문화정보산업단지 536-2
전화 031-955-6111(代) | **팩스** 031-955-0955
등록 1960. 10. 28. 제406-2006-000035호
홈페이지 www.kyomunsa.co.kr | **E-mail** webmaster@kyomunsa.co.kr

ISBN 978-89-363-1359-3(93590) | **값** 22,000원

*저자와의 협의하에 인지를 생략합니다. *잘못된 책은 바꿔 드립니다.